侍酒師的
葡萄酒品飲
隨身指南

作者｜積蘭・德切瓦 Gwilherm de Cerval

繪圖｜尚・安德烈 Jean André

譯者｜劉永智 Jason Liu

容易消化與記憶的葡萄酒知識

多年前由我翻譯的《葡萄酒的 31 堂必修課》相當暢銷，那麼隨著這本初學者書籍成長後的讀者，在現下還有哪本書可以幫助飲酒人輕鬆地進階呢？我想本書可以擔任這個並不容易達到的任務。本書插畫簡潔明瞭又可愛，有時還幽默得令人發噱，可讓與葡萄酒相關的浩瀚知識變得更容易消化與記憶。

基本上，本書仍是寫給畫給初學者看的，不過由於取材廣泛，其實即便喝酒好幾年的酒友都能在此學到許多生活上可以運用的建議。比如開酒的時機與開什麼酒（像是家人通過大學學測、喬遷入厝的首夜趴、首次約會、首次見到岳母岳父時……），比如與葡萄酒相關的職人工作介紹（如何成為侍酒師、在餐廳如何與侍酒師溝通，又或是侍酒師與釀酒顧問的職責之別等等），再如想在家裡宴客時，好吃的肉醬前菜該怎麼做？為了炒熱氣氛，又能顧及與葡萄酒相關的主題，有哪些有趣的酒謎可猜？你或許略知紅酒與白酒的釀造程序，但是粉紅酒的兩種釀造程序你熟悉嗎？若似懂非懂也沒關係：本書直接畫出程序圖給你看。

本書的〈附錄〉也非常具有參考價值，即便是專業侍酒師，也有「記憶體」不足的時刻，此時〈附錄〉的梅多克酒莊分級、索甸與巴薩克酒莊分級以及聖愛美濃酒莊分級等列表，就很適合快查。再如，多數人都默背不起來的阿爾薩斯特級園名稱，也可在此查詢。此外，若可以掌握書中的〈愛酒人小辭典〉與〈釀酒人小辭典〉裡的幾個詞彙，也可讓你在品酒場合裡不至於「鴨子聽雷」。

本書推薦給酒齡 0-6 歲的酒友，然而即便酒齡更長（像我），仍舊可在本書裡學到東西。

葡萄酒自由作家
劉永智（Jason LIU）

向撰寫《平民酒吧》的亞尼克以及《酒杯》的作者丹尼爾……

還有未來的品酒人：莎夏、艾黛兒、喬治、費迪南、哥多以及勞倫斯致上敬意。

j'ai
peur de
dire une
connerie

我怕講錯
就糗大了！

「我怕講錯就糗大了」（j'ai peur de dire une connerie）……當聊到葡萄酒時，這句話很常聽到，不是嗎？你是否也曾經在朋友面前脫口而出？親愛的讀者，不怕不怕，這將成為過去式。

你只要隨意翻閱各章節，就能獲得本書提供你的葡萄酒相關基礎知識與技能。之後在談到相關話題時，你就會覺得安心且心情輕鬆許多。

我保證不在書裡使用讓人頭痛或是附庸風雅的技術詞彙與術語。讀過本書內容後，你可以隨意運用：好好地消化、重複讀過、與朋友一起討論……或者忘光光也沒關係，哈哈！

好啦，你可以收起手機，找張舒服的椅子坐穩……甚至開瓶酒，翻開這本指南，一定讓你的葡萄酒功力大增！

目　錄

導論 拿出信心來！

葡萄酒之所以讓人快樂，不只因為它可讓人醺醉，還因為我們可以談論它。分享一瓶葡萄酒讓我們得以與他人產生連結，而知道如何以言語分享杯中物，更能加強這種快樂。

關鍵在於，葡萄酒常被認為是一種高貴、菁英的飲品。我們以為必須對它了然於胸，才有資格開口談論。然而這是錯誤的觀念！

當然，葡萄酒的世界可能會令你害怕，因為這裡頭有許多專家：像是釀造的專家、選酒的專家，或是推薦葡萄酒的專家……

不過首先要記住的是，葡萄酒是我們文化以及日常生活中的一部分。我們的父母、祖父母，甚至我們，都喝葡萄酒，不是嗎！也因此，每個人都有完全的權利對一瓶酒品頭論足，以話語形容所感受到的風味以及因酒所帶來的感官享受。簡而言之，就是與朋友們分享品酒的快樂！

建議你把葡萄酒視為一種藝術形式，想想它是否在某一特定時刻下，替你帶來某種感受或情緒。不要害怕分享你的感受，也放開心胸加入討論！

當你了解我以上所說的之後，也請記住卡通人物懶熊巴魯所說的：「快樂其實很簡單！」

所以呢……你可以打開一瓶酒，切塊優質肉醬來搭配，不再害怕開口分享你的品嘗感受。祝你在人生的各個時刻都有葡萄酒陪伴，當然能有好友一起共享的話，最妙不過如此！

la
dégustation

葡萄酒
品嘗

※jaja 是法國 20 世紀初指稱一般餐酒的口語用法。

品酒小常識
品嘗超簡單

　　想要知道一瓶葡萄酒的來處以及品質，品嘗是不可或缺的程序。藉由品酒時所運用的感官分析，我們可以解析此酒的內涵。基本的觀念很簡單：就是將你看到的、聞到的以及口嘗到的感覺形諸於口語或文字。接著，你可以下結論，可能猜出該酒的品種、法定產區（AOC）、年份、酒價，或是如果你品酒能力超強，甚至能猜到釀酒者（酒莊）。此外，最棒的附加價值是，隨著品嘗活動，你將更加了解自身的品味。這很美妙，不是嗎？

　　別忘了，鼻子聞到的與嘴巴嘗到的感受都與你的情緒和過去的經驗有關。你可能覺得這杯酒有覆盆子的滋味，而你的品酒夥伴則認為較接近森林小紅莓的氣息，這與實證科學無關。不過，隨著品嘗經驗的日益增加，你的感官敏銳度會更為提升，所以請放心，按部就班地練習吧。

　　建議你，不必使用過度專業的詞彙讓眾人覺得你很強，只要使用簡單易懂、接近你個性的詞彙就好。重點是，你心裡存疑的所有解答，其實都在酒杯之中！

張大眼睛！

一般人可能以為觀察葡萄酒顏色時，只要確認它是紅酒或白酒就成。其實有經驗的人，只要瞥一眼，就可對將要品嘗的酒蒐集到不少訊息。

酒色

觀察酒色：每個種類的酒都可能包含不同的色澤。

白酒	→	麥稈黃、金黃、琥珀黃
粉紅酒	→	淡粉紅、粉紅玫瑰、粉鮭色
紅酒	→	紅寶石、紅石榴色、磚紅色

酒淚

觀察晃杯後在杯壁流下的酒淚，可以探知酒中殘糖量與酒精度。

偏液態	→	殘糖量與酒精度一般
偏稠厚	→	殘糖量與酒精度較高

澄清度

藉由觀察酒的澄清度，可預知香氣特性與酒的質地。

澄清度高	→	口感乾淨清晰
酒色偏濁	→	口感的質地鮮明

杯緣色澤

藉由觀察杯緣酒色與反光，可探知酒質成熟度。

		年輕的酒	成熟的酒	老酒
白酒	→	偏綠色	偏金色	偏銅紅色
粉紅酒	→	淡粉紅	覆盆子色	洋蔥皮色
紅酒	→	紫紅色	櫻桃色	栗子色

酒杯也很重要喔！

品嘗葡萄酒的最佳容器就是帶柄的酒杯，因為即便是最普通的帶柄杯型，杯嘴都相對較薄。偏薄的杯嘴（杯壁）可以讓你有較佳的品嘗經驗，讓你更能感受到酒的真實質地。此外，手持杯柄或是杯腳，可避免手溫致使杯中葡萄酒溫度升高。

動動鼻子！

嗅聞葡萄酒的步驟非常關鍵，我們可因而探知酒裡的各種香氣。也因為這個步驟，我們可據以斷定是否需要醒酒。嗅聞葡萄酒分兩階段進行。

醒酒前的第一聞
藉以斷定此酒的香氣屬於哪種香氣家族

年輕酒的一級香氣
青蘋果、花香、新鮮葡萄等等

成熟酒的二級香氣
異國水果、蜂蜜、熟美的紅色水果等等

老酒的三級香氣
核果、糖漬水果、巧克力等等

與空氣接觸後再聞一次
更精確地指出此酒所帶出的香氣

主要香氣
洋梨、洋槐花、覆盆子、紅醋栗、葡萄柚、咖啡、松露等等

來自橡木桶培養的香氣
木頭氣息、香草味、焦糖香氣

這瓶酒需要醒酒嗎？

如果與空氣接觸後再聞一次，此酒香氣表現更佳且更為持久集中，這表示接觸空氣提升了酒質。此時建議將瓶中酒傾入有喇叭開口的醒酒器裡醒酒。

張口品飲吧！

　　眾人期待的時刻終於到來，藉由口嘗，你可以判斷口中品嘗的與前面兩階段是否存在一致性，同時明瞭杯中物是否符合你的個人品味。入口的實際品嘗可以分為三階段。

入口觸感
評估葡萄酒的四個基礎元素，並給予強弱之別。

酸度	→	微弱、青酸、清新
甜度	→	甘性（不甜）、微甜、甜潤
酒精	→	酒精感弱、酒精感輕微、具溫熱感
單寧	→	融入質地、單寧感鮮明、單寧緊澀

中段口感
以質地飽滿度和均衡感兩個重點來感覺此酒的結構。

質地飽滿度	→	稀薄、多汁、稠厚
均衡感	→	各元素離析不均衡、相當均衡、很均衡

後段口感
評估此酒在口中所形成的感官體驗，並以以下三個標準來描述。

整體感覺	→	可口且令人垂涎、果香豐富、苦澀、緊澀
整體和諧	→	不太和諧、相當和諧、很和諧
餘韻長度	→	偏短、中等、很長

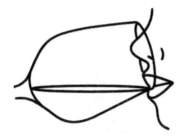

不過冷也不過熱

不要忽視品飲時的杯中酒溫。溫度過高，會導致酒精感與酸味提高；相對地，酒溫過低，會掩蓋掉葡萄酒本身的缺點（如酒精感過高或是香氣過於粗野等等）。紅酒的適飲溫度在攝氏15-18度，白酒與粉紅酒在攝氏10-13度最能表現其原有優點。

計時開始！

葡萄酒在口中的餘韻長度是以寇達力（caudalies）為計數單位，聽起來很炫還是很玄？其實並不會，並且簡單易懂：一寇達力就等於一秒鐘。

餘韻偏短	餘韻標準	餘韻很長
介於 0-3 個 寇達力	介於 4-7 個 寇達力	超過 7 個 寇達力

吸氣，不是漱口！

當你飲入一口酒時（適中，不要太大口也不要太小口），記得在兩唇之間輕輕吸入一口空氣；這裡不是要害你看來很蠢，也不是要你以酒漱口（雖然此舉並不會危害到他人），而是藉此幫助你更近一步探知所嘗的酒的不同香氣。你的感官分析將更為準確。

風土的美好滋味

「我能在這酒裡嘗到風土」，在品酒的場合裡我們常常可以聽到這句話！然而這句話到底是什麼意思？簡單來說，風土（Terroir）指的是葡萄樹生長周圍的生態系統裡的整體元素，而這些元素又會影響到釀酒的葡萄。

土　壤

土壤的特性會對葡萄酒最終的風味造成決定性的影響。

石灰岩土壤	黏土質土壤	砂質土壤
細緻、優雅、具礦物質風味	緊實、堅硬、粗鬆的質地	柔軟、簡單、鮮脆的果味

較為肥沃的土壤	肥沃度較差的土壤
酒的風味較為簡單	酒的風味較為繁複

氣　候

氣候會影響葡萄的成熟度以及其健康狀況。

氣溫偏高 酒中會出現類似燉煮過的果香	**雨量過多** 酒的質地顯得過於稀釋
氣溫偏低 酒中呈現清鮮果香	**通風良好** 可避免葡萄果實霉腐

地　形

依據葡萄樹生長的坡度與向陽條件，葡萄果實熟度與風味複雜度都會有些差異。

葡萄樹生長在平原	葡萄樹生長在山坡
受陽條件差	受陽條件佳
葡萄需要更長的時間	葡萄更快地達到
才能達到良好成熟度	良好成熟度

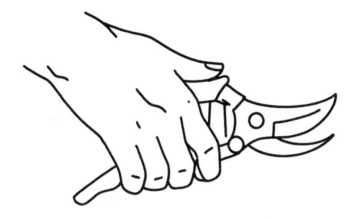

葡萄酒農

　　他們是葡萄酒的源頭，沒有他們的干預，葡萄樹仍呈野生狀態，葡萄酒也不會存在。他們也定義了所釀葡萄酒的風格。

葡萄園裡的做法	釀酒窖裡的做法
較小的單位面積產量	**用不鏽鋼槽釀酒**
酒中果味較飽滿、風味較複雜	果香較為清亮，餘韻可能較短，趁年輕時喝掉
較大的單位面積產量	**用橡木桶釀酒**
酒的產量較大，但是風味簡單	帶一些木質氣味，風味較複雜，儲存潛力較佳

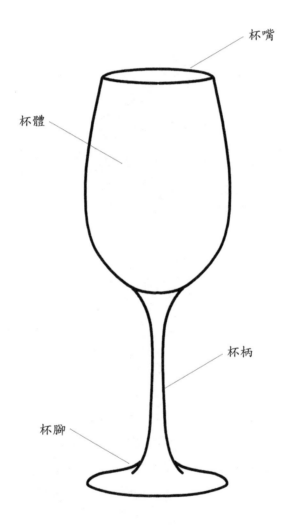

杯嘴

杯體

杯柄

杯腳

葡萄酒杯大哉問

　　品飲一款優質的葡萄酒時，好的酒杯不可或缺（其實其他飲料也是），酒杯會大大影響品飲時的感受。比如，拿威士忌杯品飲布根地紅酒，所得出的感受一定與使用有柄葡萄酒杯非常不同。

　　為何呢？這是因為杯體形狀、杯子的重量以及杯壁的厚薄都會影響到品酒時的感受。也因此，想要欣賞布根地紅酒的細緻質地，細薄的杯嘴有其必要性。相對地，較為粗獷且酒精度較高的威士忌就比較適合使用較厚實的杯子，如此才容易欣賞威士忌酒的醇厚感。

　　不過，也不要過於附庸風雅！請隨時應變與調整。在船上野餐時、工作一段落吃些點心時，或是與朋友一同出遊去森林採野菇時，手邊有什麼杯子就用什麼，畢竟葡萄酒的真正價值是：分享、不拘泥於繁文縟節以及熱情好客。

葡萄酒杯應有的模樣

酒杯當然不會改變杯中葡萄酒的原有品質，然而，這其中有幾個因素可能會增進你對該支酒的感受。

酒杯的美觀度

手工吹製杯、脫膜機器杯、塑膠杯、玻璃杯、陶土杯，甚至是水晶杯，葡萄酒杯的美觀與否，會讓我們對將品嘗的酒款帶來立即的第一印象。下次邀朋友一起晚餐時不妨做個測試：將一款品質非常普通的葡萄酒倒在一只美麗大氣的水晶杯內，給受邀來晚餐的朋友飲用。我跟你保證一定人人都稱讚好喝，這可讓你在常去的葡萄酒專賣店裡省下十多歐元的預算。

酒杯的透明度

　　除了盲飲測驗裡使用的令人抓狂的黑色不透明杯子外，酒杯的透明度對猜想杯中葡萄酒有其重要性。我們可以就此觀察到所品飲酒款的特性，近一步猜測其身分，觀察重點包括酒色、清澈度、酒淚以及杯緣反光等等。所以建議你選擇透明度高的酒杯，好在觀察時獲取最多的資訊。

酒杯的重量

　　繼酒杯的美觀度之後，杯子的重量也會影響品酒時的感受。請你握穩酒杯並提至嘴唇的高度，如果覺得酒杯有些重，你也可能會覺得杯中酒較為厚重、較為粗獷；相反地，重量較輕的酒杯會增進你對酒的柔軟度以及優雅度的感受。輕質的酒杯通常較脆弱與昂貴，但如果力所能及，還是建議你選擇重量較輕者。

酒杯的厚度

　　酒杯的杯壁愈薄，則介於嘴唇與所品嘗的酒液之間的觸感就愈少，你就更可以正確地感知到此酒的真正質地。舉個例子：將波爾多索甸地區的甜酒倒入一只杯壁很薄的細緻杯中，你將可以感受到品種之一的白蘇維濃的純淨感更為提升；相對地，若以自助餐的普通厚重杯子來品嘗，你會覺得酒的質地大大地削弱。

酒杯的形狀

　　酒杯的形狀或多或少會影響到葡萄酒展現自身的優點。酒杯的開口較大者，有助於酒液與空氣接觸以發展香氣，同時會讓飲者的頭部比較前傾。這有兩個好處：第一是你的新襯衫比較不會在品酒時沾污，第二是較為前傾的頭部，會讓酒液直接觸及舌尖，而這區的甜味與鹹味感受更為敏感。

　　相反地，開口較窄的杯子較利於香氣的集中，也比較可以品嘗到葡萄酒原有的模樣。不過也請當心：開口愈小，愈不容易將鼻子探進酒杯中！然而品飲時，頭部過度後仰，會讓酒液直接觸及舌後區域，這裡的味蕾對酸味以及苦味會更為敏銳。

INAO 標準杯

　　1970年時，法國法定產區管理局（l'INAO）制定了一款「標準杯」，用於在正式品酒場合品試各種酒款。此標準杯的形式規格後來被許多製杯廠商採用與製造，讀者在多數的葡萄酒專賣店可以買到。

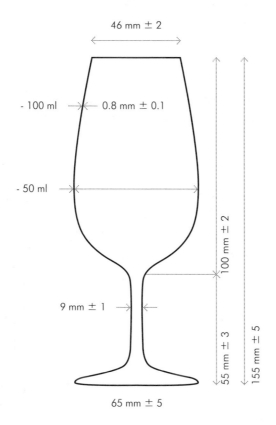

46 mm ± 2

- 100 ml　　0.8 mm ± 0.1

- 50 ml

9 mm ± 1

100 mm ± 2

55 mm ± 3

155 mm ± 5

65 mm ± 5

選只好用的香檳杯

廣口香檳杯

起源

據傳說，廣口香檳杯的杯型其實是直接取自法國皇后瑪麗·安東內特（1755-93）的胸部罩杯形狀。

優點 ⊕

目前流行的香檳風味愈來愈趨向 extra bruts（完全不甜）類型，此杯型可將香檳直接導入舌尖對甜味比較敏感的部分。

缺點 ⊖

對正式的品嘗來說不太方便，因此杯型會讓香氣與氣泡過早消失。此外，杯中的香檳酒溫會較快地提升至與室溫相同。

鬱金香香檳杯

起源

首次出現應該在 1930 年代左右。

優點 ⊕

杯中的香檳氣泡以及較低的適飲溫度可以維持較久。

缺點 ⊖

對正式的品嘗來說不太方便，因此杯型會讓香檳氣泡在接觸舌頭時顯得較為粗糙與刺激。

一般葡萄酒杯

起源

從 20 世紀末期開始，愈來愈受到葡萄酒界專業人士愛用。

優點 ⊕

以一般葡萄酒杯品飲香檳，可以取得品酒、香氣發展以及氣泡保持較久的最佳妥協，因此可說是最佳選擇。

缺點 ⊖

除了廣口香檳杯或是鬱金香香檳杯所具有的某種場合用途（或說是附庸風雅），其實沒啥缺點。

如何手持酒杯？

　　這裡只講一次，不再贅述：手持葡萄酒杯的最佳方式，就是握住杯柄或是杯腳。避免手持杯體，因為杯壁相當薄，你的手溫會使杯中酒溫快速升高。

握住杯柄

握住杯腳

一覽葡萄酒杯小家族

INAO 標準杯　　　　白葡萄酒杯　　　　波爾多杯

布根地杯　　　　　阿爾薩斯杯　　　　　香檳杯

如何打開一瓶葡萄酒

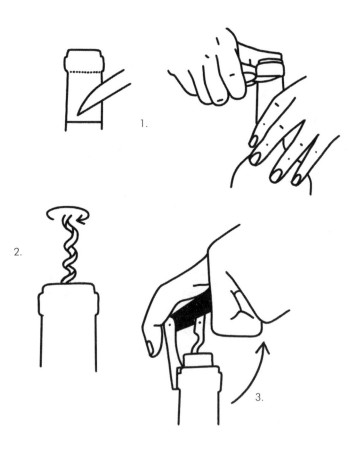

如何打開一瓶香檳

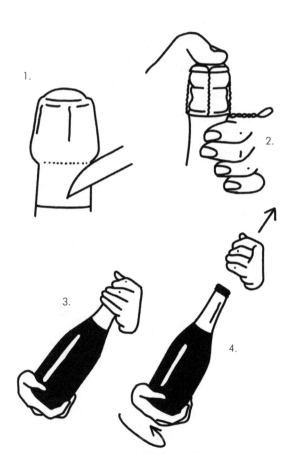

酒還年輕？那醒酒吧！

　　不論紅酒或白酒，將年輕的酒倒入醒酒瓶醒酒通常會帶來好處。首先，葡萄酒在裝瓶時可能會發展出一些封閉的還原氣味，醒酒時經由酒與空氣接觸，可讓其散發。此外，醒酒可讓酒的香氣更顯飽滿與奔放。所以，不必遲疑，醒酒就對了。

　　建議選擇有喇叭狀開口的醒酒瓶，以擴大酒與空氣的接觸面積。此類醒酒瓶最常見的是「海軍船長醒酒瓶」（capitaine）：取名來自其平底大屁股的穩定度，出海時仍舊可以穩固立於桌上。不過對預算有限的酒友來說，其實自助餐廳常見的玻璃有握把水壺也能派上用場，功能一樣，只是比較不美觀罷了。

優點 ➕	缺點 ➖
讓剛開瓶的還原氣味得以飄散，並使酒中香氣得以發展	如果酒質本身過於脆弱，醒酒這動作反而會讓香氣全部喪失

幫老酒過瓶除渣的藝術

　　不少人會將過瓶醒酒（carafer）和過瓶除渣（décanter）兩者搞混，不過這也不奇怪，因為兩者的共通處都是將一瓶酒過瓶到一個醒酒器（醒酒瓶）裡。然而其中存在一個明顯的差異：過瓶醒酒時，我們希望酒液與空氣接觸；但在過瓶除渣時，與空氣接觸對酒沒有好處，更糟的是，可能讓酒過度氧化。過瓶除渣的主要目的是將酒渣與欲飲用的酒液分離，這情況常發生在極老年份的紅酒上頭。

　　過瓶除渣時，你可以藉由燭光來精準看見瓶頸出現酒渣碎塊的時機，好即時停止將酒過到醒酒器裡。除渣用途的醒酒器請選擇沒有喇叭開口、開口較窄的細頸瓶，以避免酒氧化變質（因為它能提供的酒液與空氣的接觸面積很有限）。想要簡單行事者，也可以使用餐桌上裝飲用水的玻璃瓶，不過小心不要將酒灑出來。

優點 ➕	缺點 ➖
可將沉澱的酒渣與 欲飲用的酒液進行分離	有酒液氧化變質 的風險

愛酒人的小辭典

Ample・**飽滿**：通常指酒香豐富廣闊且風味悠長。

Animal・**動物氣息**：指酒香讓人聯想到動物的毛皮（主要是指紅酒）。

Astringeant・**緊澀**：指某款酒在口中帶有粗澀感。

Barré・**沉悶**：酒的香氣不開且缺乏準確度。

Boisé・**帶木質氣味**：指在橡木桶中培養過的葡萄酒。

Buvabilité・**適口度**：指該酒可口好入口，讓人還想要一杯。

Chaleureux・**風味熱情**：酒精濃度較高的葡萄酒所帶來的溫熱口感。

Charnu・**豐腴**：酒的質地好似正在啃咬水果果肉。

Court・**風味短暫**：酒的香氣無法在口中持續。

Digeste・**好消化**：指該酒的架構不錯，直到後段仍維持清鮮，讓人想流口水。

Épais・**厚重**：沉重又厚實的口感。

Épanoui・**風味綻放**：指葡萄酒的香氣與風味都達到巔峰。

Équilibré‧**均衡**：葡萄酒的各種元素（甜度、酸味、酒精與單寧）互相滲透達到平衡。

Fatigué‧**酒質疲累**：香氣與口感失去應有的光彩（通常指老酒）。

Fermé‧**封閉**：鼻息隱而不顯，香氣閉而不發。

Fraîcheur‧**清鮮**：具有酸度的代名詞，算是較優雅的用語。

Friand‧**可口**：指該酒輕巧新鮮。

Fruité‧**果味豐盛**：葡萄酒釀自葡萄，本來就有果味。當果香豐富迎人，可以豐盛稱之。

Généreux‧**豐盛寬厚**：指一款酒的酒精濃度較高，連帶酒的香氣也很奔放。

Gourmand‧**美味**：輕巧、多果味且怡人的葡萄酒。

Glouglou‧**咕嚕咕嚕**：指該酒美味、多汁且易飲。

Herbacé‧**青草味**：指該酒帶來新鮮草本的氣息。

Intense‧**風味強烈**：指該酒風味濃縮且香氣豐盛。

Juteux‧**多汁**：指該酒果香飽滿，質地柔美。

Léger‧**輕巧**：指一款酒柔軟、新鮮，香氣不特別鮮明。

Mâche‧**具咀嚼感**：指一款酒嘗來很有料，似乎可以咀嚼。

Maigre‧**細瘦**：指一款酒嘗來不太有料，幾乎具有稀釋感。

Massif‧**強壯**：指一款酒嘗來非常強勁。

Minéral‧**礦物質風味**：酒的口感清新，令人想流口水。

Nerveux‧**酸爽**：酒的酸度鮮明但不過度。

Opulent・香氣飽漲：酒香豐盈飽漲，幾近有溢出的感覺。

Oxydé・氧化：當酒與空氣接觸的時間過久，香氣開始顯得黯沉不揚，就是氧化了。

Perlant・帶微氣泡：指品飲時，口中還殘有一些微微的氣泡感。

Persistance・具持久力：用以指稱整體而言，酒的香氣與口感能在口中停留相當長的時間。

Pulpeux・果肉感：指該酒嘗來有種正在吃無皮果肉的純淨果肉感。

Réduit・果味凝縮：當酒中果香聞來嘗來接近果泥或是果醬感時。

Riche・酒體豐盛：用來形容一款酒不僅強勁，還豐盛寬厚且均衡。

Rock'n roll・喝來很搖滾：指稱酒精、酸度與果味的整體均衡不是很優。

Rond・圓潤：指葡萄酒的口感在柔軟的同時，還有脂潤感。

Rustiuqe・粗獷：指葡萄酒的香氣簡單粗糙，優雅度不足。

Souple・柔軟：指葡萄酒的酒體輕，但均衡佳。

Soyeux・絲滑：意指葡萄酒質地柔軟外，還具優雅的特質。

Suave・甘美：指葡萄酒口感宜人甘潤。

Tannique・具單寧感：意指一款強勁的葡萄酒的單寧質地緊澀或帶一些苦韻。

Tanins fondus・單寧軟融：紅酒的單寧質地可能緊澀且帶苦

味。單寧軟融意指單寧良好地整合入葡萄酒的整體均衡裡。

Tension·**張力**：該酒酸度明顯，但完好地融合於酒的整體均衡之中。

Velouté·**天鵝絨般的質地**：指一款酒的質地柔軟且稠潤。

Vif·**有活力**：指一款酒在非常干性不甜之外，也具恰到好處的酸味，我們可說它活潑有活力。

Vibrant·**鮮活**：有點難以形容的甘鮮味，可說是葡萄酒的「旨味」。

Volume·**酒體寬大**：酒體身寬體胖，好似可塞滿整個口腔。

還有好多東西要學呢！

ENCORE PAS MAL
DE TRUCS À CONNAÎTRE

買酒何處去？

身在法國的好處是，幾乎到處都可以相當容易地買到葡萄酒。不管是大賣場的貨架上、連鎖葡萄酒專賣店或是獨立葡萄酒專賣店，都能提供相當豐富的買酒選項。那麼，到哪裡買比較好呢？

大型量販店裡所提供的葡萄酒大多價格便宜，以吸引追求低價的大眾消費者，不過酒質大多普通。

至於葡萄酒專賣店，不管是連鎖的或是獨立經營的，都試圖在品質、價格與飲酒愉悅度三個面向上求取最佳方案，以取悅愛酒人。連鎖專賣店與獨立經營者的唯一差別，在於前者的合作酒莊必須擁有足夠大的產量，才能鋪貨到旗下所有的連鎖賣店裡。至於獨立葡萄酒專賣店則可與小型酒莊合作進酒，可以專注把選酒條件放在較高的酒質上頭。

也因此，當一家店家愈是能夠提供「個人化選擇」的酒單，你能買到優質好酒的機會也會愈高。

開瓶好酒的時機？

　　你手中有瓶珍稀美釀，卻不知道何時以及和誰分享？你總找不到完美的時機來打開這瓶傳說中的偉釀，它只好靜靜地躺在酒窖裡許多年，直到上頭積累一層灰？

　　比如你擁有一瓶波爾多列級酒莊的知名紅酒，且知道如果將它轉賣，將可以賺到飛去科西嘉島度過一個美妙週末雙人遊的價差。你的第一個反應應該是將它好好地保存在酒窖裡，然後乖乖地耐心等待它酒質醇熟得更美。不過這類酒的一個大問題是：我們永遠不知道何時才是開酒的時機。

　　時機總是不若預期、世事難以預料、朋友總是不夠懂酒難以與你分享，結果是這些美釀就此沉睡酒窖裡，而且可能永遠也不會醒來。親愛的讀者，這已經是老時代的思維了，不管它是知名的法國酒或是列級酒莊，說到底，葡萄酒就是買來喝的。

　　我個人最美好的品嘗經驗是：與業餘的愛酒友人在一處風景美麗的地方，拿出美麗的酒杯，切一些美味的肉醬（這類場合裡，這可是不可或缺！），我跟你保證你將度過一段美好的時刻。其實就是這麼簡單，在此時刻，那瓶美酒終於得償所願。朋友之間樸實無華的分享將成為你最愉快的回憶。

以葡萄酒陪伴人生重要時刻

親愛的讀者，開瓶葡萄酒的機會從來沒有少過，這裡給你幾個明智的建議，好讓你在社會上發光發熱。

通過大學學測

時機與氛圍：你的父母親簡直不敢置信，認為你根本就是天才。

期待：這時不拿出有氣泡的葡萄酒來慶祝，更待何時？

我的建議：選擇羅亞爾河谷地或是侏羅產區的氣泡酒，因為它們價格不若香檳那般高，你可以開上好幾瓶。

慶祝找到第一份工作

時機與氛圍： 與家人一起晚餐，伺機發布好消息。

期待： 一瓶能夠安慰你略顯緊張心情的葡萄酒，因為你即將進入職場，且要開始繳稅了。

我的建議： 選一瓶來自北隆河的優質希哈紅酒，如克羅茲—艾米達吉（Crozes-Hermitage）或聖喬瑟夫（Saint-Joseph），它們將撫慰你的心情。

喬遷入厝的首夜

時機與氛圍： 來了一群歡樂喧嘩的好友，因暫時沒杯可用，他們直接對著瓶嘴就喝了起來。

期待： 可以搭配你隨意張羅的開胃小食的易飲葡萄酒。

我的建議： 選擇來自羅亞爾河的卡本內弗朗紅酒，因它清爽可口，適搭以臘腸火腿和披薩為主的簡單晚餐。

你的第一次約會

時機與氛圍：雙眼離不開對方，對方一開口你便笑逐顏開。

期待：一款性感的葡萄酒。

我的建議：可以選一瓶松塞爾（Sancerre）或蒙內都—沙隆（Menetou-Salon）的黑皮諾。我想你倆一瓶都還沒喝完，就會急著想開第二瓶了……

第一次見岳父母或是公婆

時機與氛圍：岳父母或是公婆的雙眼一直打量著你的表現。

期待：酒標美麗且有名聲，才能得分致勝。

我的建議：一瓶布根地的優質夏多內，比如來自梅索（Meursault）或普里尼—蒙哈榭（Puligny-Montrachet）酒村的好酒，相信可以感動兩老一起度過美好時刻。

新婚入厝

時機與氛圍：你與新婚牽手共同沉浸在幸福氛圍裡。

期待：你想向牽手證明之後的日子都會像當下一般幸福。

我的建議：開瓶來自特級酒村的香檳吧！當然搬家已經所費不貲，然而人生苦短，就及時行樂吧！

雙方親家見面

時機與氛圍：氣氛有些沉重，雙方家長都舉止謹慎深怕惹對方不高興。

期待：希望這瓶酒能夠打開雙方話匣子，並帶來一些歡樂氣氛。

我的建議：選一瓶來自侏羅區的優質土梭品種紅酒。「咦？侏羅地區也產葡萄酒歐？」這將是餐桌上不錯的「破冰」話題。

結婚典禮當日

時機與氛圍：一幫好友在市政府公證時已經隱忍不發，準備之後熱烈地跳舞狂歡。

期待：所有人都打賭一定會開波爾多紅酒，在此要證明你可不是從眾之人。

我的建議：獨特的場合當然要開獨樹一格的酒囉。建議選一款薄酒來優質村莊的風車磨坊（Moulin-à-vent）或是摩恭（Morgon）的加美品種紅酒，它們在品質／價格／飲酒愉悅度上取得絕佳平衡。

第一個寶寶誕生

時機與氛圍：你與另一半興奮地幾乎要從椅子上跳起來，快樂得無法言喻。

期待：選一瓶酒來紀念小倆口甜蜜平靜的日子，畢竟以後是三人行了。

我的建議：選一款來自科西嘉島的美味西亞卡列羅（Sciaccarellu）品種紅酒，它將為你們帶來更多陽光燦爛的日子（然後，緊接著就是睡眠不足的日子即將到來……）。

第一次讓小孩嘗試葡萄酒

時機與氛圍：全家歡樂聚餐的時刻，應是傳遞葡萄酒文化的最佳時機。

期待：意義重大，一段葡萄酒的美味冒險歷程可能就此展開。

我的建議：如果你的小孩還未達法定飲酒年齡，就讓他以手指沾沾酒杯的酒液試試味道就好。建議可以選香波—蜜思妮（Chambolle-musigny）或哲維瑞—香貝丹（Gevrey-chambertin）紅酒，要建立愛酒的根基，還有什麼比這更好呢？

與葡萄酒相關的各種收藏家

葡萄酒以及相關的衍生物對一些人來說,已經超越熱情與嗜好,甚且成為一種「走火入魔」的執著,而這些具有相關收藏癖的專家也被封予不同的複雜稱號。

酒標收藏家 L'ŒNOGRAPHILISTE
喜愛保留葡萄酒與香檳酒標的收藏家

酒瓶收藏家 L'ŒNOPHILISTE
喜愛保留各式酒瓶的收藏家

香檳瓶蓋收藏家 LE PLACOMUSOPHILE
喜愛保留香檳軟木塞上的瓶蓋的收藏家

開瓶器收藏家 LE POMELKOPHILE 或 HELIXOPHILE
喜愛收集各類開瓶器、侍酒刀的收藏家

酒塞收藏家 LE TAPPABOTUPHILE
喜愛收集各式軟木塞、瓶塞的收藏家

les métiers du vin

與葡萄酒
相關的
職人

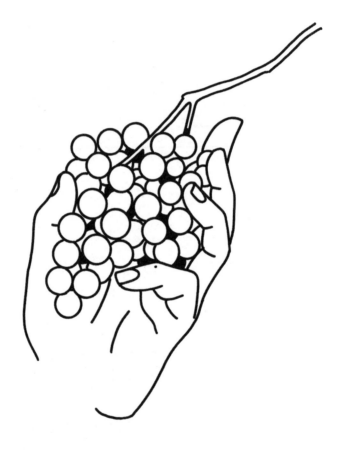

葡萄酒農

這是我所知最令人尊敬的職業別了，或者應說這不僅是一種職業，更是一種使命。葡萄酒農是工作永不停歇的職人，他不是在葡萄園裡照顧葡萄樹與土壤，就是在酒窖裡釀酒、培養酒質。因此他同時是葡萄農也是釀造者。

別忘了，他還是該酒莊的企業經營者，還有員工要管理與發薪。當他一年到頭在葡萄園裡辛勤工作（同時還要擔心溫室效應所可能帶來的產量損失與災害）、剛釀好的葡萄酒等待進一步培養的同時，他還必須是一名不錯的酒品銷售員與行銷者：像是新酒標的發想與設計、新客戶開發、與舊客戶維持良好關係、四處奔波參加酒展等等，都是稱職酒農日常所必須處理的課題。

如果你在拜訪酒莊時嘗到一款令人心動的葡萄酒，之後返家再嘗時，若能聯想到該酒背後辛勤工作的堅定身影，你可能會覺得這杯中酒又更加美味動人了。

侍酒師

侍酒師是一個非常棒的工作，而支撐這個工作的則是滿滿的熱情：侍酒師的每日服務工時可能長達 13 小時！此外，休假時還常常要往產區跑以充實自己，因而這是非常需要體能的一項工作。

侍酒師也是餐廳廚房與服務外場的溝通橋梁，當隱而不顯的廚房人員與餐廳門面的外場經理相處不洽甚至起衝突時，平日負責開酒的侍酒師這時就成為緩和兩者心情的要角。

好的侍酒師必須服務細緻入微，盡量滿足客人的期待並做出餐酒搭配建議。他必須隨時掌控最佳飲酒條件以及適飲溫度。他必須謹記他只是美味的傳遞者，必須以服務客人為尊，讓後者能夠享受一段難以忘懷的時光。

不過，的確有些侍酒師會因為擁有較多的相關知識與技術而顯得自以為是。所以，除了聽聽侍酒師的建議，也別忘了傾聽自己的需求，因為你才是上門享受的客人。

※ 想要了解如何成為侍酒師，請參照本書後面的〈附錄〉。

與侍酒師溝通

　　當你在餐廳裡坐正，拿了酒單看了一眼之後，卻不知道要跟侍酒師說些什麼？你對自己的品味了解得還不夠多，無法下定主意替自己選一瓶適合的葡萄酒？我在次頁替讀者條列幾個關鍵字，相信能幫你解決這美味的葡萄酒難題。

法國侍酒師辭典

想喝白酒	想喝紅酒
不甜的干白酒？	**酒體較輕的紅酒？**
建議品種：	建議品種：
白蘇維濃、麗絲玲、夏思拉、阿里哥蝶……	黑皮諾、加美、希哈、土梭……
建議產區：	建議產區：
羅亞爾河谷地、阿爾薩斯、薩瓦、布根地……	布根地、羅亞爾河谷地、薄酒來、北隆河、侏羅區……
果香飽滿的白酒？	**酒體強勁的紅酒？**
建議品種：	建議品種：
夏多內、白梢楠、馬姍、蜜思嘉……	卡本內蘇維濃、卡本內弗朗、馬爾貝克、慕維得爾……
建議產區：	建議產區：
布根地、羅亞爾河谷地、隆河谷地、隆格多克—胡西雍地區……	波爾多、西南區、羅亞爾河谷地、普羅旺斯……

酒中存真理

侍酒師與釀酒顧問之別

　　我在這裡不是想挑起論戰，只是想將事實講清楚。人一生中當然有許多更重要的議題需要論述，不過我還是在這裡藉由簡短幾行字將錯誤的觀念澄清。

　　侍酒師（Sommelier）與釀酒顧問（Oenologue）是完全不同的兩種職業。常有人錯誤地稱侍酒師為釀酒顧問，相反地，釀酒顧問被誤稱為侍酒師就比較少見。侍酒師就是餐廳裡的服務人員，他的工作是對已經入席坐定的客人建議餐酒搭配與服務。因此，他必須有品嘗與分析一款酒的能力，才好對客戶進行盡量準確的描述；他必須品嘗、建議餐酒聯姻與侍酒，但他並不知道如何釀酒。

　　釀酒顧問其實就是葡萄酒領域的科學家，他必須研究葡萄酒生產的各個環節，包括葡萄樹種植、釀造與培養以及最後的裝瓶步驟。此外，要被稱為釀酒顧問，就必須獲得法國國家釀酒顧問文憑（DNO）。

　　結論是：一位侍酒師可能具有釀造學的知識，相反地，一位釀酒顧問也可能具有絕佳的品酒能力。不過，從今而後，不要再將餐桌上的服務與實驗室裡的研究搞混了。

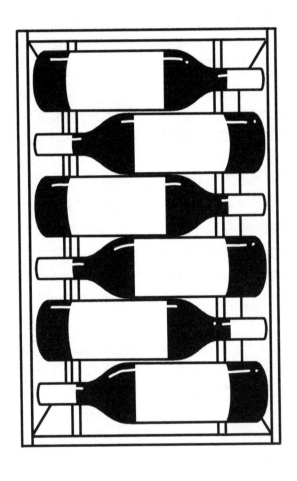

葡萄酒專賣店員工

葡萄酒專賣店的經營者或員工的工作不僅僅是將酒瓶陳列上架，或是在聖誕節來臨前將櫥窗妝點得歡樂耀眼；他的主要職責是幫客戶建議與選擇葡萄酒。專賣店的經營者就是葡萄酒的商家，他必須對葡萄酒產業具有熱情，對葡萄酒的釀造、各法定產區以及品酒技巧都具有一定程度的認識。

葡萄酒專賣店的工作受到許多人歡迎，原因之一是它不要求特定的文憑即可操業（不過法國存有許多相關文憑的訓練）。此行業讓葡萄酒專賣店從業人員成為葡萄酒農與最終消費者之間的橋梁，好處是不必忍受餐飲業界的高工時。

優秀的葡萄酒專賣店員工會在店裡舉辦品酒會以刺激銷售、帶領客戶進入欣賞葡萄酒的領域，進而懂得選酒買酒。現有愈來愈多的店家允許客人繳交少許開瓶費就可以現場開瓶飲用，好處是在品飲的同時，還有專業店員引領解說，很快地你會開始摸清楚自己喜愛的風味，有助日後自行選酒。

les

régions

du vin

葡萄酒產區

來品香檳吧

香　檳
La Champagne

　　行銷之於香檳，就像甘斯堡（Serge Gainsbourg）的歌詞之於法國香頌：不可或缺。香檳的行銷力道強勁，也將法國文化順勢行銷至國際（甘斯堡也可說是法國文化的大使）。「香檳」其實是國際上使用第二多的法文字彙。香檳可說是節慶的代名詞，過去屬於菁英階層的飲料。香檳隨處可飲：婚慶場合、家族聚會、或是在蔚藍海岸度假小城聖托佩一夜狂歡等等。

　　釀酒葡萄樹應該在羅馬人來此之前就已經存在。一如其他產區，宗教人士對香檳區的葡萄園整治以及釀造貢獻卓著。一般認為 Saint-Pierre d'Hautvillers 修道院（離 Épernay 不遠）的唐貝里儂神父（Dom Pérignon, 1638-1715）是「香檳法」（將無氣泡的靜態酒轉變成氣泡酒的方法）的發明人。另值得記上一筆的是烏達修士（Oudart, 1654-1742），他進一步精進香檳法改善其酒質。最後，當然別忘了唐慧納神父（Dom Ruinart, 1657-1709），他出生於香檳區，後來定居巴黎期間將香檳引介給首都的王公貴族，甚至直達皇宮。

　　長期以來，香檳的市場一直局限於法國本土，直到19世紀初才獲得國際市場重視，尤其以德國為首。當時，法國的繁榮富足吸引萊茵河對岸的大量德國人來到香檳區定居，他們先是在葡萄園工作，後來也轉至酒窖釀酒。多年後，有些德國人藉由聯姻取得葡萄園產權，有些則與知名香檳大廠合作。這正是為什麼今日有許多知名香檳廠以德文命名，像是：Bollinger、Krug 或 Deutz。

　　香檳區是法國地處最北的葡萄園之一，氣候相當惡劣不穩定：會受到春霜、冰雹以及各種病蟲害侵襲。如此的天有不測風雲，也讓香檳的葡萄酒農採取了一些被其他產區認為可疑的手段。如果在法國有種酒可以「隨興所至要幹嘛就幹嘛」，那就是香檳：他們可以將不同年份的酒混在一起、可以將紅酒與白酒混在一起以獲得粉紅香檳、添糖以改善風味……這些都是該區常見的手法。但也不要因此而鄙視香檳區。

　　把不同的葡萄酒相混以釀成一款品牌酒，也屬於香檳釀酒史的一部分。一些知名的高貴香檳品牌也都是以此方式（有一定的混調配方）釀成初階酒款，這些香檳廠為了釀出讓最多人喜愛的酒款，於是讓酒的風味標準化，有著一定的風格與味道。以上的這個既成事實，其實與現下部分人追求的「可溯源性」

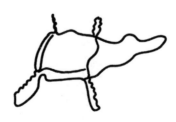

以及「風土可辨識性」產生背道而馳的後果，不過我們還是必須承認，這些香檳廠的策略在商業上的確行得通。也因此，香檳是個非常獨特的產區。

不必因此沮喪生氣，這些香檳大廠牌就是屬於香檳產業的一部分，有些酒也真釀得不錯。2015 年，聯合國教科文組織世界遺產委員會無異議通過，將「香檳區的葡萄園、酒莊建築與釀酒窖」登錄在世界遺產名錄上，屬於「演變中的文化景觀」類別。不幸的是，這與尊重當地生態環境毫無相關；且在當代的經濟運作邏輯與大量生產指標下，重點仍在獲利能力，這將會讓酒質受到某種程度的妥協。

幸運的是，在幾家香檳大廠幾近獨占市場以及葡萄園地價日漸攀升之際，還有一小群獨立的葡萄酒農仍舊奮力而為（就像驍勇的高盧人對抗羅馬帝國），成功地產出「作者論思潮的個性香檳」（也被稱為小農香檳）。這些小農在較小、較人性化的面積上耕作，更能尊重葡萄樹的自然生長且採收剛好熟度的葡萄。在葡萄園耕作上，他們也較少使用化學合成農藥，所釀的酒也較自然、不顯人工的濃妝豔抹。小農香檳比較像正常且具有個性的葡萄酒，而不是行銷過度的氣泡酒精飲料。

香檳區葡萄園

34,000 公頃

所在省份	園區土壤	氣　候
Aisne, Aube, Marne, Haute-Marne, Seine-et-Marne	石灰岩質與泥灰岩質土壤	受到大陸型氣候影響的海洋性氣候

主要的白葡萄品種：夏多內

其他允許的白葡萄品種：阿爾班（Arbane）、小魅里耶（Petit meslier）、白皮諾、灰皮諾

主要的紅葡萄種：黑皮諾、皮諾莫尼耶

葡萄園所屬地區

漢斯山 Montagne de Reims、瑪恩谷地 Vallée de la Marne、白丘 Côte des Blancs、塞然丘 Côte de Sézanne、巴爾丘 Côte des Bars

一般性法定產區命名

AOC Champagne、AOC Coteaux-Champenois、AOC Rosé-de-Riceys

額外命名

白色香檳、粉紅香檳、43 個一級酒村香檳、17 個特級酒村香檳：Ambonnay, Avize, Aÿ, Beaumont-sur-Vesle, Bouzy, Chouilly, Cramant, Louvois, Mailly-en-Champagne, le Mesnil-sur-Oger, Oger, Oiry, Puisieulx, Sillery, Tours-sur-Marne, Verzenay, Verzy

指定地理區保護（IGP）

Côteaux de Coiffy, Haute-Marne

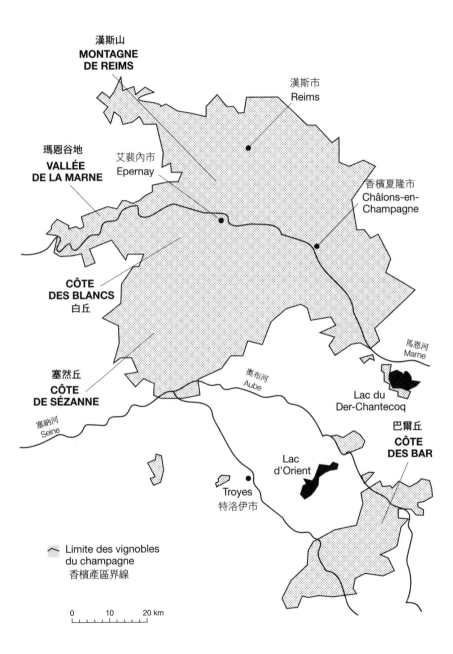

漢斯山
**MONTAGNE
DE REIMS**

漢斯市
Reims

瑪恩谷地
**VALLÉE
DE LA MARNE**

艾裴內市
Epernay

香檳夏隆市
Châlons-en-
Champagne

**CÔTE
DES BLANCS**
白丘

塞然丘
**CÔTE
DE SÉZANNE**

馬恩河
Marne

奧布河
Aube

Lac du
Der-Chantecoq

塞納河
Seine

巴爾丘
**CÔTE
DES BAR**

Lac
d'Orient

Troyes
特洛伊市

Limite des vignobles
du champagne
香檳產區界線

0   10   20 km

惡魔的酒

　　過去的香檳區在歷史上只釀造「靜態酒」（指無氣泡的葡萄酒），基本上是白酒，但因為所榨汁釀造的主要是釀造紅酒的葡萄（黑皮諾與皮諾莫尼耶），所以有時也帶一些粉紅色，這甚至讓人聯想到波爾多古時的淡色紅酒 Clairet，香檳地區則稱此類酒為「鷓鴣之眼」（Oeil-de-perdrix）。

　　1660 年左右，英國人在製瓶工藝上取得長足進展，香檳區的人開始將新鮮榨出的葡萄汁裝在這類酒瓶裡，當時的想法是盡量保存葡萄酒的新鮮香氣。這想法看起來不錯，但他們沒料到這些帶甜味的葡萄汁竟然開始轉變成酒精以及二氧化碳，而拘禁在瓶裡的二氧化碳常常讓這些玻璃瓶爆瓶。

　　當時的教會對普羅社會具有絕大的影響力，當時的大眾面對這些「流動性手榴彈」面面相覷之餘，開始幫香檳酒冠上「惡魔的酒」的俗名。

香檳法

要釀造葡萄酒，首先要讓葡萄汁進行酒精發酵，如此釀成的酒稱之為「靜態酒」，也就是沒有氣泡的酒。香檳法的原則就是在酒瓶中促成二次發酵，才能讓「起泡」程序得以完成。

當第一次的酒精發酵完成後（釀造程序通常在不鏽鋼槽或是橡木桶內完成），酒液便與「糖與酵母的混合液」（Liqueur de tirage）一同裝瓶，接著以鋁蓋（也就是啤酒蓋）或是軟木塞封瓶。然後酒瓶會橫躺靜置成堆，也以進行瓶中培養程序（從幾個月到幾年不等）。

酒液中添加的酵母與糖液會接著起作用，發生第二次的瓶中發酵，產出酒精與二氧化碳（氣泡）。酒瓶靜置成熟的時間愈長，酒的風味也會更加複雜，照理來說，氣泡的細緻程度也會更加提高。此外，氣泡質地的細膩度也是評判香檳品質的要點之一。

唐貝里儂神父

在唐貝里儂神父對釀製香檳產生興趣之前，葡萄酒瓶是以木釘塞住，然後以麻布包裹起來。之後人們使用油當作黏合劑，好讓整個瓶塞部分有密封作用。唐貝里儂覺得這個方法既不美觀也不太衛生，索性以蜂蠟替代油當作黏合劑。

我們可以想像以古早時代的粗糙手工，部分酒瓶中的靜態酒液很有可能與殘留一些蜂蜜糖份的蜂蠟接觸。而封在瓶中的糖份加上其他因素，就促成了起泡的效果（其實這就是瓶中二次酒精發酵）。

我們最敬愛的本篤教會神父唐貝里儂就此發現了（或說掌握了）香檳的釀造方式。

準備發射，當心！

　　香檳除了是歡慶場合的最佳選擇，也可能變成危險的武器！每瓶香檳內含有 6-8 個大氣壓力，相當於汽車輪胎壓力的兩倍。所以千萬謹記，開瓶時如果沒將瓶塞掌控好，你或是周遭的友人可能因此受傷，這也是法國家庭內最常見的意外事故之一。

添糖知多少

在釀造香檳的過程中，於除渣之後，會添入葡萄酒與糖的混合液（這液體稱為 Liqueur de dosage）。香檳在添入此糖份或多或少的糖液之後，才會進行最後的封瓶，最終添入的糖份多寡也決定了最後的香檳風格（七種風格表列如下）。

EXTRA-BRUT：該香檳每公升含有 0-6 公克的糖

BRUT NATURE：該香檳每公升含有不到 3 公克的糖

BRUT：該香檳每公升含有不到 15 公克的糖

EXTRA-DRY：該香檳每公升含有 12-20 公克的糖

SEC (或 DRY)：該香檳每公升含有 17-35 公克的糖

DEMI-SEC：該香檳每公升含有 33-50 公克的糖

DOUX：該香檳每公升含有超過 50 公克的糖

"TROP DE SUCRE LÀ-DEDANS..."

「這裡頭含太多的糖了……」

香檳人講香檳話

　　當我們仔細端詳香檳酒標時，上頭的字彙不總是清楚明瞭易於理解⋯⋯

　　NM（Négociant Manipulant；**購買原料的香檳廠**）：香檳大廠外購葡萄酒或是葡萄原料，經過釀造後以自家品牌對外銷售。

　　RM（Récoltant Manipulant；**葡萄酒農香檳**）：此香檳由葡萄酒農自行採收釀造後，對外銷售。

　　RC（Récoltant Coopérateur；**葡萄酒農合作社**）：葡萄農將自家葡萄送至合作社進行釀造後，取回香檳自行貼標銷售。

　　CM（Coopérative de Manipulation；**合作社香檳**）：釀酒合作社向葡萄農買進葡萄酒或葡萄原料，經釀造後以合作社自有品牌對外銷售。

　　MA(Marque d'Acheteur；**客製品牌香檳**)：香檳由葡萄酒農、購買原料的香檳大廠或是釀酒合作社釀製，然後幫要求客製者貼標。

　　ND（Négociant Distributeur；**貼標轉售的酒商香檳**）：外購原料的香檳大廠購買已經釀好的香檳，然後貼上自家品牌酒標後出售。

　　SR（Société de Récoltants；**葡萄酒農合資酒廠**）：由一群葡萄酒農（通常屬同一家族）合資組廠釀酒，然後以共同品牌銷售。

　　白中白（Blanc de blancs）：指僅由白葡萄釀成的白色氣泡酒，以香檳的例子而言，只用夏多內釀造。

　　黑中白（Blanc de noirs）：以黑皮葡萄品種釀成的白色氣泡酒，以香檳的例子而言，可以使用黑皮諾與皮諾莫尼耶釀造。

一同來發現波爾多

波爾多
Le Bordelais

波爾多產區世界知名，不過也不是所有愛酒人都對它懷有良好印象。事實上，有些人就是不喜歡其睥睨群雄的葡萄酒風格（常常過於標準化，桶味過重）和酒堡（酒莊）擁有人。不過，少了耀眼的波爾多，法國的葡萄酒市場就不會是現在的繁榮光景。

這裡不得不提金雀花亨利二世（未來的英國國王），他很「機智地」愛上了阿基坦女公爵艾莉諾，並在 1152 年娶她為妻。藉此聯姻，英法兩國建立起緊密的外交關係，也使後來的波爾多葡萄酒市場進入高度成長期。有加隆河（Garonne）與多爾多涅河（Dordogne）兩支流注入的吉隆特河（Gironde）也扮演葡萄酒北運的重要角色。頻繁的葡萄酒貿易之下，我們在今日仍能見到許多「英國腔」的波爾多酒堡名（如 Château Palmer、Château Boyd-Cantenac）也就不足為奇了。

也因此我們必須感謝英國人。我好奇的是，英倫島民在過去幾個世紀以來不斷地航海追求新大陸，難道是為了逃離不怎麼好吃的「當地美食」？可以確定的是，如果沒有英國人，波爾多葡萄酒也無法在國際上大放光彩。

之後的 17 世紀，同樣擅於航海的荷蘭人以及布列塔尼人也開始對波爾多酒感興趣，並做出貢獻；前者以二氧化硫替橡木桶殺菌以利其長期海運而不變質，後者則是一日無波爾多如一日無陽光的大飲家。

　　由於聲名遠播，波爾多於是成為葡萄酒貿易重中之重的核心地區，空氣中可以聞到錢與權的氣息。於此強勁經濟力道的氛圍裡，葡萄酒成為一種品牌象徵，而不是隨著季節與年份演變的風土釀品。因此巴黎證交所市值前 40 大企業的老闆選擇在波爾多買酒堡插旗也不足為怪了。

　　不過品味的標準化也有其好處！一般的飲酒人可以按照個人品味選擇這家或是那家酒堡的葡萄酒，同時感到安心。此外，既然過去幾世紀以來，照老規矩這樣釀這樣賣都能獲得佳績，那有何變動的道理？

　　我們也不得不承認，部分波爾多葡萄酒飲來的確令人感動：這神奇的感動可以是來自舒服的口感以及綿長的尾韻、穿過悠遠時光的老酒風味，或是該堡的偉大名氣以及酒款稀罕度。總之，當我們在接受葡萄酒的味蕾教育時，認識這些葡萄酒經典仍有其必要。這有點像是我們必須先學習基礎樂理，才有辦法彈奏蕭邦《降 E 大調夜曲 Op.9 No.2》一樣。而談到經典的葡萄酒，波爾多是必經之途。

　　不過幸運地，波爾多人的觀念也開始改變。有些酒堡開始採用有機農法或是較為自然的釀法，逐漸開始順應風土特性，棄絕品味的標準化。部分波爾多酒堡朝此方向推進已有好幾年的時間，我也在此給他們掌聲鼓勵。

　　※ 欲進一步了解波爾多好酒的不同分級制度，請參照書末的〈附錄〉解釋。

左右岸之爭

　　一如所有的農業產區，當部分的農戶脫穎而出，甚至出人頭地，則該產地的上空就會瀰漫一股嫉妒的氣氛，尤其當它牽涉到各家的財務狀況時。因此，通常法定產區等級（AOC）葡萄酒的售價會比地區餐酒來得高。同樣的情形，波爾多列級酒莊的酒價也會比村莊級酒莊來得高昂。

　　在波爾多，這類的紛爭同樣少不了。被「1855 年酒莊分級」完全排除在外的右岸酒莊，因此也對左岸的同儕產生忌妒和報復的心理。

左　岸
所有的法定產區都位於多爾多涅河的西南方

右　岸
所有的法定產區都位於多爾多涅河的東北方

波爾多葡萄園

112,000 公頃

所在省份	園區土壤	氣　候
Gironde (33)	黏土、石灰岩、礫石以及砂土	溫和的海洋性氣候

主要的白酒品種：白蘇維濃、榭密雍、蜜思卡岱勒

其他允許的白酒品種：白于尼、高倫巴、白梅洛、莫札克、翁東克（Ondenc）

主要的紅酒品種：梅洛、卡本內弗朗、卡本內蘇維濃

其他允許的紅酒品種：小維鐸、卡門內爾（Carmenere）、馬爾貝克

各區葡萄園

梅多克（Médoc）、格拉夫（Graves）、索甸（Sauternais）、兩海之間（Entre-deux-Mers）、布拉伊與布爾（Blayais et Bourgeais）、利布內區（Libournais）

一般性法定產區命名

AOC Bordeaux, AOC Bordeaux supérieur, AOC Crémant de Bordeaux, AOC Côtes-de-Bordeaux

指定地理區保護（IGP）

Atlantique, Périgord

Limite du vignoble
de Bordeaux
波爾多產區界線

布拉伊與布爾
**BLAYAIS
ET BOURGEAIS**

利布內區
LIBOURNAIS

Gironde
吉隆特河

MÉDOC
梅多克

波爾多市
Bordeaux

多爾多涅河
Dordogne

格拉夫
GRAVES

索甸
SAUTERNAIS

兩海之間
**ENTRE-DEUX-
MERS**

加隆河
Garonne

0   10   20 km

Limite du vignoble
de Bordeaux
波爾多產區界線

左岸葡萄酒

　　波爾多左岸的葡萄園最靠近波爾多市以及其港口，難怪自12 世紀起，波爾多市附近的葡萄酒深受眾人喜愛。因拿破崙三世與「1855 年份級制度」的加持，這地區的葡萄酒獲得美酒的聖名。有鑑於「西瓜偎大邊」的效應，位於加隆河與多爾多涅河之間的兩海之間產區自然地希望被歸於左岸的陣營。

左岸的各法定產區

梅多克
① AOC Médoc
② AOC Haut-Médoc
③ AOC Saint-Estèphe
④ AOC Pauillac
⑤ AOC Saint-Julien
⑥ AOC Listrac-Médoc
⑦ AOC Moulis
⑧ AOC Margaux

格拉夫
⑨ AOC Graves
⑩ AOC Graves-Supérieures
⑪ AOC Pessac-Léognan

索甸
⑫ AOC Cérons
⑬ AOC Sauternes
⑭ AOC Barsac

兩海之間
⑮ AOC Entre-Deux-Mers
⑯ AOC Bordeaux Haut-Benauge
⑰ AOC Entre-Deux-Mers haut-Benauge
⑱ AOC Côtes-de-Bordeaux-Saint-Macaire
⑲ AOC Premières-Côtes-de-Bordeaux
⑳ AOC Sainte-foy-Bordeaux
㉑ AOC Cadillac-Côtes-de-Bordeaux
㉒ AOC Cadillac
㉓ AOC Loupiac
㉔ AOC Sainte-Croix-du-Mont
㉕ AOC Graves-de-Vayres

右岸葡萄酒

　　波爾多右岸產區可說是「左岸永恆的對手」，右岸的葡萄園環繞著利布恩市而生。自從「聖愛美濃 1954 年份級制度」建立之後，加上玻美侯法定產區的幾家世界知名酒莊的加持（如 Petrus 與 Le Pin），右岸可說是已經與左岸的梅多克產區葡萄酒並駕齊驅。

右岸的各法定產區

利布內區

①AOC Canon-Fronsac
②AOC Fronsac
③AOC Neac
④AOC Lalande-de-Pomerol
⑤玻美侯（AOC Pomerol）
⑥聖愛美濃（AOC Saint-Émilion）
⑦AOC Saint-Émilion grand cru
⑧AOC Lussac-Saint-Émilion
⑨AOC Montagne-Saint-Émilion
⑩AOC Puisseguin-Saint-Émilion
⑪AOC Saint-georges-Saint-Émilion
⑫AOC Francs-Côtes-de-Bordeaux
⑬AOC Castillon-Côtes-de-Bordeaux

布拉伊與布爾區

⑭AOC Blaye
⑮AOC Côtes-de-Blaye
⑯AOC Blaye-Côtes-de-Bordeaux
⑰AOC Bourg et Bourgeais
⑱AOC Côtes-de-Bourgs

波爾多的幾種分級制度

　　波爾多的第一個酒莊分級制度成立於 1855 年，當時主政的拿破崙三世正籌辦巴黎世界博覽會（繼 1851 年倫敦世界博覽會後的第二屆），並要求對葡萄酒產區進行分級。此後，吉隆特河左岸的葡萄酒名聲漸次地水漲船高，成為高酒質與尊榮的象徵。這些葡萄酒成為酒堡擁有人的金雞母，而此分級制度更確保了滾滾財源。

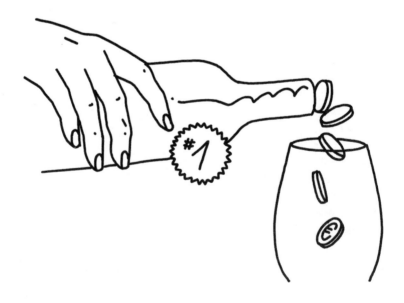

梅多克分級

創設年份：1855 年。

分級酒種：紅酒。

分級方法：根據該酒莊（酒堡）當時的名氣以及市售酒價。

分級類別：最高的一級酒莊至五級酒莊。

分級家數：60 家梅多克酒莊以及 1 家貝沙克—雷奧良酒莊。

分級特點：此分級在 1973 年有所變動——Château Mouton Rothschild 從二級酒莊晉級為一級酒莊。

索甸區分級

創設年份：1855 年。

分級酒種：甜白酒。

分級方法：根據該酒莊（酒堡）當時的名氣以及市售酒價。

分級類別：從最高特等一級至二級酒莊。

分級家數：索甸與巴薩克區的 27 家酒莊被列級。

分級特點：其中有 11 家列為一級酒莊，但最知名的特等一級僅有一家：Château d'Yquem。

格拉夫分級

創設年份：1953 年。

分級酒種：白酒與紅酒。

分級方法：根據所產的酒村與酒種進行分級。

分級類別：只有列級酒莊（無級別）。

分級家數：貝沙克—雷奧良村的 16 家酒莊列級。

分級特點：此為固定分級，無重新檢視的機會。

聖愛美濃分級

創設年份：1954 年。

分級酒種：紅酒。

分級方法：國家原產地暨品質管理局（即之前的法定產區管理局）是唯一的評鑑者。

分級類別：最高的一級特等酒莊（分為 A 等與 B 等）與特等酒莊。

分級家數：一級特等酒莊 18 家，特等酒莊 64 家（根據 2012 年版的分級）。

分級特點：法定產區管理局每十年會針對本分級進行重審，上一次的 2012 年重審分級在該產區內造成激烈的論戰。

士族名莊（CRUS BOURGEOIS, 即過去的中級酒莊）

創設年份：1932 年。

分級酒種：紅酒。

分級方法：依據當時的酒質與市售價格。

分級類別：整體屬於一種品牌概念，無內在分級。

分級家數：梅多克區有 240 到 260 家的酒莊列入。

分級特點：每幾年會針對本分級進行重審。

匠人酒莊（CRUS ARTISANS）

創設年份：1989 年。

分級酒種：紅酒。

分級方法：依據當時的酒質與市售價格。

分級類別：整體屬於一種品牌概念，無內在分級。

分級家數：梅多克區葡萄園面積小於 5 公頃的酒莊中，有 44 家列入。

分級特點：每十年會針對本分級進行重審。

1855 年份級

　　1855 年份級制度（或者應該說是 1973 年份級）是法國史上的第一個酒莊分級制度。此分級當時僅限於左岸的酒莊及其葡萄園，藉由此分級，波爾多的酒莊被提升至偉大葡萄酒釀造者的地位：此指紅酒以及甜白酒。

　　波爾多整個產區因而在當時被推上美酒的世界舞台，直至今日，波爾多葡萄酒依舊被世人所尊崇。

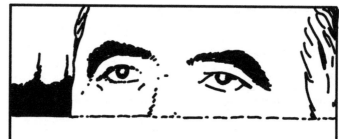

1973：備受爭議的一年

羅斯柴爾德（Rothschild）家族在 18 世紀時聲名鵲起，成為世界知名的名號。本家族源自於德國，其成員除在銀行投資業獲致巨大成功，也在鐵路運輸、礦業以及之後的葡萄酒釀造業獲得成就。該家族也是具有商業眼光的資深藝術品收藏家，他們很聰明地自 1945 年起，將藝術家的作品結合至酒標上，最知名的藝術家包括米羅、夏卡爾、喬治・布拉克、畢卡索、法蘭西斯・培根，以及比較近代的藝術家，如傑夫・昆斯（Jeff Koons）。

在歷經超過四十年的遊說工作之後，菲利普・羅斯柴爾德（Phillippe de Rothschild）男爵於 1973 年成功地讓 Château Mouton Rothschild 列入梅多克分級等級最高的一級酒莊，其後本莊酒價也水漲船高。梅多克分級自拿破崙三世後就未更動過，但當時的農業部長席哈克在頒布一紙命令後，就讓本莊破格擢升至一級酒莊。此外，值得注意的是，當時的法國總統龐畢度在贏得大選之前，即是羅斯柴爾德銀行的總裁。這是巧合嗎？這點就由讀者自行判斷……

布根地
La Bourgogne

　　布根地常被認為是法國各產區中最難理解者。在布根地，會先談特定地塊（Climat）與特定葡萄園（Lieu-dit），甚至是地籍資料，接著才如其他產區一般討論整體性的風土。此外，其1,247個特定地塊如今已被聯合國教科文組織登錄為世界遺產。

　　布根地最早的釀酒葡萄種植要歸功於塞爾特人部落，接著由羅馬人接續（一如當時高盧的其他地區）。一直到中世紀時期，擁有種植與釀造知識的各教區主教才開始在城邦周遭種植葡萄，並傳承相關技術。自此，城郊成行的葡萄園景色成為法國常見的地景。布根地人應該感謝 Molesmes 修道院院長（西篤修院的創建者），他在 1098 年以靈敏的洞察力選出幾個特

定品種，並辨識出最佳的種植地塊，也因此提升了當地葡萄酒的品質。

布根地的葡萄園劃界在 14 世紀時開始起了明顯而重要的變化：1336 年，西篤修院的修士合力修築了有圍牆環繞的第一個克羅園（Clos）：Clos Vougeot，也因而一併帶起其他優質葡萄園的名氣。五十九年後的 1395 年，Philippe le Hardi 公爵下令拔除所有加美品種葡萄樹（他認為該品種有礙人體健康），並規定黑皮諾是唯一允許種植的品種。幾十年後，布根地葡萄酒的名聲大增，甚至登上法王路易十四的餐桌。當地的經濟因葡萄酒而富裕繁榮了好幾百年，但隨後的法國大革命則將它毀於一旦。屬於教會所有的葡萄園被歸公拍賣或是任其荒廢。也因此，我們可以見到今日有不少的葡萄酒農所耕作的面積相當小，甚至極小。

就在法定產區管理局（INAO）建立的 1936 年，同年布根地的葡萄園分級制度正式成立，當時只劃分了 22 個 AOC 法定

產區。今日的布根地法定產區超過 80 個，其中逾 30 個為特級葡萄園（不過僅占布根地葡萄園面積的 2%）。在布根地人將最佳葡萄園呈現在世人面前的不懈努力之下，它已成為全球最受矚目的產區。

　　必須承認的是，當我們有機會打開一瓶布根地葡萄酒時，哪怕只是一瓶一級園的紅酒或是白酒，其美味所帶來的狂喜甚至會貫通全身，五感俱被攻占。即便無法猜出來自哪一園或不知道如何具體形容其味道，我們仍能深切感受其滋味。

　　我們很容易將布根地的葡萄農與樸實無華以及傳統的形象連結在一起。但有些酒款因酒質高超且產量極為稀少，故在國際市場上引起買家一陣競逐。然而，布根地的葡萄園面積無法擴張，它只占法國葡萄園面積的 3%，更只占全球葡萄酒產量的 0.3%。日趨增多的外來投資者也將當地的葡萄園地價哄抬得更高，然後反應在你將付出的酒價上頭。現在要買一瓶布根地葡萄酒來犒賞自己已經成為奢侈，這其實很可惜！

布根地葡萄園

29,000 公頃

所在省份	園區土壤	氣　候
Yonne, Côte-d'Or, Saône-et-Loire	黏土與石灰岩質土壤	大陸型、海洋型以及地中海型氣候

主要的白酒品種：夏多內

其他允許的白酒品種：阿里哥蝶、布根地香瓜、薩西（Sacy）、白蘇維濃

主要的紅酒品種：黑皮諾

其他允許的紅酒品種：加美、灰皮諾、特雷索（Tressot）、塞撒（César）。

各區葡萄園

樣能區（Yonne，包括夏布利與歐歇爾）、夜丘區（Côte de Nuits）、伯恩丘（Côte de Beaune）、夏隆丘區（Côte chalonnaise）、馬貢區（Mâconnais）

地方性法定產區

AOC Bourgogne, AOC Bourgogne-Mousseux, AOC Bourgogne-Aligoté, AOC Coteaux-Bourguignons, AOC Bourgogne passe-Tout-Grains, AOC Crémant-de-Bourgogne

次地方性法定產區

AOC Côte-de-Nuits-villages, AOC Côte-de-Beaune-villages, AOC Mâcon

指定地理區保護（IGP）

Yonne, Coteaux-de-Tannay, Coteaux-de-l'Auxois

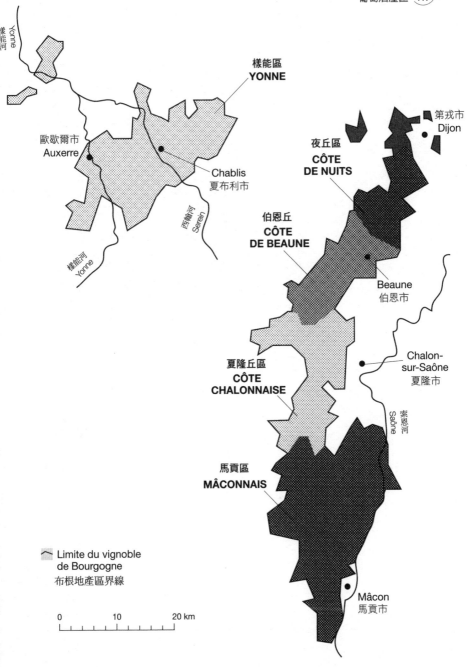

樣能河
Yonne

樣能區
YONNE

第戎市
Dijon

歐歇爾市
Auxerre

夜丘區
**CÔTE
DE NUITS**

Chablis
夏布利市

西爾河
Serein

伯恩丘
**CÔTE
DE BEAUNE**

樣能河
Yonne

Beaune
伯恩市

夏隆丘區
**CÔTE
CHALONNAISE**

Chalon-
sur-Saône
夏隆市

索恩河
Saône

馬貢區
MÂCONNAIS

Limite du vignoble
de Bourgogne
布根地產區界線

Mâcon
馬貢市

0   10   20 km

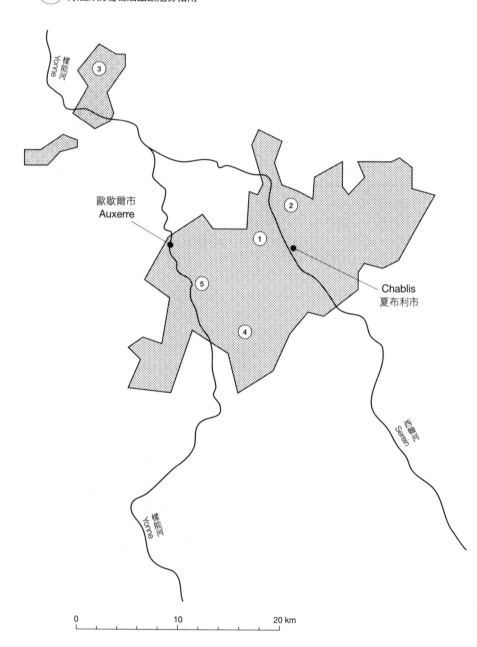

樣能區
L'Yonne

樣能區的葡萄園位於布根地最北邊，也是最靠近巴黎的省份之一，因此長久以來成為巴黎人渴望優質干白酒的來源產區之一。夏布利產區位於樣能的一角，其特級園成為樣能各法定產區的明星。夏布利葡萄酒的風格常被全球各地的產區模仿，但品質仍無法與其並駕齊驅。夏布利也是全布根地產量最大者。

夏多內品種在源自啟莫里階（Kimméridgien）岩層的石灰岩與泥灰岩土壤中長得尤其好。我們也可在其葡萄園中找到大量的海底化石，證明了該土壤含有豐富的礦物質成分，所產出的葡萄酒因而具有絕佳的純淨感與酸爽風味。古時候，我們可在樣能找到十幾個葡萄品種，不過在葡萄根瘤芽蟲肆虐整區的葡萄園後，本區開始僅專注在風味較為細膩的品種。除了夏多內，今日還有一個例外：聖布理（Saint-Bris）法定產區是唯一允許可以種植白蘇維濃品種者。

各法定產區
①AOC Chablis
②AOC Chablis grand cru
③AOC Petit-Chablis
④AOC Irancy
⑤AOC Saint-Bris

夏布利特級園
Bougros　　　　Valmur
Les Preuses　　Les Clos
Vaudésir　　　 Blanchot
Grenouilles

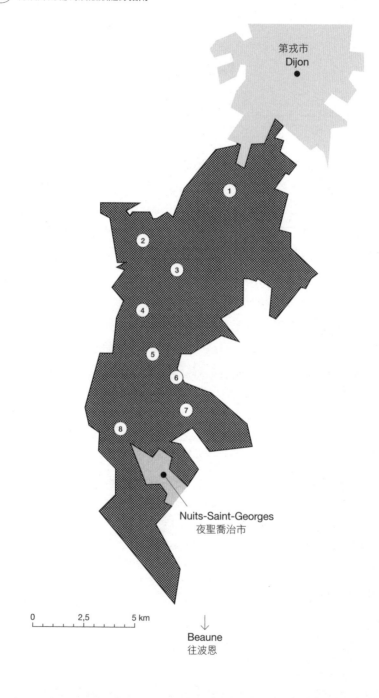

Nuits-Saint-Georges
夜聖喬治市

Beaune
往波恩

夜丘區
La Côte de Nuits

「女士、先生們請注意，我們等會兒就要啟程，請安坐在個人的座位上」……以下即將介紹的是全世界最尊貴的葡萄酒產區：精彩絕倫的夜丘區。

夜丘區位於布根地的金丘省（Côte-d'Or），這省名可不是自己瞎掰的。夜丘區的葡萄園就位於緩丘上，絕大多數朝東南向，可使當地品種之王的黑皮諾達到良好的成熟度。這裡九成釀的是紅酒，因握有 24 個絕佳特級園而成為布根地最受尊崇的產區。拿破崙每回對外出征時，都會隨身帶瓶香貝丹紅酒（Chambertin）！

因而，全世界所銷售過最昂貴的葡萄酒就出自布根地，這也不令人覺得奇怪，尤其是出自夜丘區的紅酒。然而，過去幾年來該區的葡萄園地價節節高升也是個災難。但別忘了，其實比起部分的波爾多名莊，這裡多數的特級園葡萄酒的價格仍相對便宜。

各村莊級法定產區及其特級園

①馬沙內（AOC Marsannay）

②菲尚（AOC Fixin）

③哲維瑞一香貝丹
（AOC Gevrey-Chambertin）
- 香貝丹特級園（Grand cru Chambertin）
- Grand cru Chambertinclos-de-Bèze
- Grand cru Chapelle-Chambertin
- Grand cru Charmes-Chambertin
- Grand cru Griotte-Chambertin
- Grand cru Latricières-Chambertin
- Grand cru Mazis-Chambertin
- Grand cru Mazoyères-Chambertin
- Grand cru Ruchottes-Chambertin

④莫瑞一聖丹尼
（AOC Morey-Saint-Denis）
- Grand cru Clos-de-la-Roche
- Grand cru Clos-Saint-Denis
- Grand cru Clos-des-Lambrays
- Grand cru Clos-de-Tart
- Grand cru Bonnes-Mares

⑤香波一蜜思妮
（AOC Chambolle-Musigny）
- Grand cru Bonnes-Mares
- 蜜思妮特級園（Grand cru Musigny）

⑥梧玖（AOC Vougeot）
- Grand cru Clos-de-Vougeot

⑦馮內一侯瑪內
（AOC Vosne-Romanée）
- Grand cru Échezeaux
- Grand cru Grands-Échezeaux
- Grand cru La Grande-Rue
- Grand cru La Romanée
- Grand cru La Tâche
- Grand cru Richebourg
- 侯瑪內一康地特級園（Grand cru Romanée-Conti）
- Grand cru Romanée-Saint-Vivant

⑧夜聖喬治市
（AOC Nuits-Saint-Georges）

葡萄園名記憶訣竅

覺得要將夜丘區的產酒村莊從北到南默背起來很困難？其實有個訣竅可以解決你的困擾，請把這個法文句子記起來：

「Messieurs, faites gaffe, mon chat vous voit noir.」（先生，務必當心，我的貓看見你穿黑衣）。我跟你保證，如你能運用此竅門，即便在餐會上你幾杯葡萄酒下肚後，依舊可以不含糊地背出村莊順序。

Messieurs（先生）: **Marsannay**; faites（務必）: **Fixin**; gaffe（當心）: **Gevrey-Chambertin**; mon（我的）: **Morey-Saint-Denis**; chat（貓）: **Chambolle-Musigny**; vous（你）: **Vougeot**; voit（看見）: **Vosne-Romanée**; noir（黑衣）: **Nuits-Saint-Georges**。

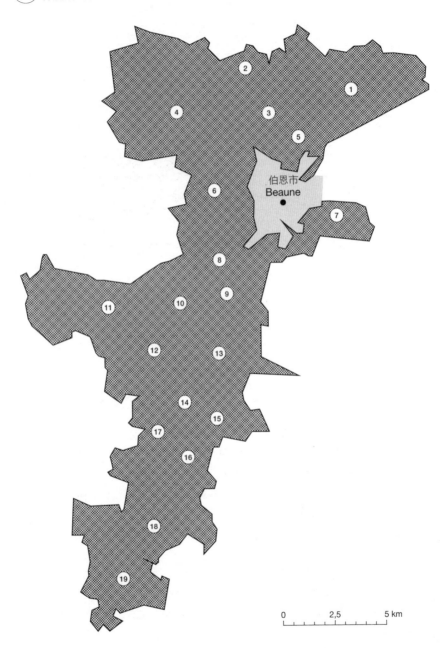

伯恩丘區
La Côte de Beaune

　　我們所生存的資本主義社會熱愛競爭，所以會有不懷好意的人主張，南邊的伯恩丘區葡萄園不若北邊的夜丘來得吸引人。然而，雖然北邊的夜丘以頂尖的紅酒名聞遐邇，南邊的伯恩丘也絲毫無需汗顏，因它產出布根地最佳的白酒（這裡也例外地生產 Corton 特級園紅酒）。

　　此外，伯恩是個大城，也是布根地的葡萄酒首都。伯恩也受惠於伯恩濟貧醫院的慈善拍賣會（於每年 11 月第三個星期天舉行）而世界知名。伯恩丘區的葡萄園除了比夜丘區大兩倍，它更是布根地的經濟重心，許多重要的大酒商都設立於此。因此，請不要再挑起南北兩邊的競爭態勢，讓所謂「城市葡萄酒農」與「鄉下葡萄酒農」的爭議得以停歇，一同為本區齊心努力。

各村莊級法定產區及其特級園

① 拉朵（AOC Ladoix）

② 佩南—維哲雷斯
（AOC Pernand-Vergelesses）

③ 阿羅斯—高登
（AOC Aloxe-Corton）
- Grand cru Corton
- Grand cru Corton-Charlemagne 與 Charlemagne

④ 薩維尼—伯恩
（AOC Savigny-lès-Beaune）

⑤ 修黑—伯恩
（AOC Chorey-lès-Beaune）

⑥ 伯恩丘
（AOC Côte-de-Beaune）

⑦ 伯恩（AOC Beaune）

⑧ 玻瑪（AOC Pommard）

⑨ 渥爾內（AOC Volnay）

⑩ 蒙蝶利（AOC Monthélie）

⑪ 聖侯曼
（AOC Saint-Romain）

⑫ 奧塞—都黑斯
（AOC Auxey-Duresses）

⑬ 梅索（AOC Meursault）

⑭ 布拉尼（AOC Blagny）

⑮ 普里尼—蒙哈榭
（AOC Puligny-Montrachet）
- 蒙哈榭特級園（Grand cru Montrachet）
- Grand cru Bienvenuesbâtard-Montrachet
- Grand cru Chevalier-Montrachet

⑯ 夏山—蒙哈榭
（AOC Chassagne-Montrachet）
- Grand cru Chevalier-Montrachet
- Grand cru Bâtard-Montrachet
- Grand cru Criotsbâtard-Montrachet

⑰ 聖歐班（AOC Saint-Aubin）

⑱ 松特內（AOC Santenay）

⑲ 馬宏吉（AOC Maranges）

L' HÔTEL-DIEU

伯恩濟貧醫院

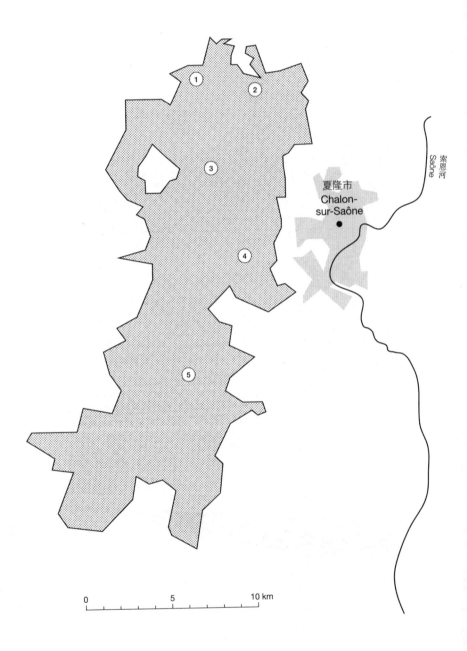

夏隆市
Chalon-
sur-Saône

索恩河
Saône

0   5   10 km

夏隆丘區
La Côte chalonnaise

夏隆丘區位於索恩暨羅亞爾省（Saône-et-Loire），因位於夏隆市附近而得名。整個區域分為五個法定產區，紅酒產量高於白酒。事實上，因位處南邊，所以黑皮諾在此比較容易達到良好成熟度。這裡的黑皮諾紅酒年輕時顯得嚴肅，所以建議讓它在瓶中陳年個2-4年再飲，好讓其質地與香氣能夠完整地發展。

本區的白酒品種通常種植在海拔較高的優良風土上（平均海拔比伯恩丘高50公尺），能夠產出非常優質的葡萄酒。這裡要特別提到布哲宏（Bouzeron）法定產區，它因種植比較不優質的品種阿里哥蝶而長年受到批評，不過近年來的酒質可說一年勝過一年。如果你夠聰明，應該對夏隆丘開始產生興趣，因為相對於北邊的金丘區，這裡的酒既好，買起來也不傷荷包。

各村莊級法定產區

①布哲宏（AOC Bouzeron）
②乎利（AOC Rully）
③梅克雷（AOC Mercurey）
④吉弗里（AOC Givry）
⑤蒙塔尼（AOC Montagny）

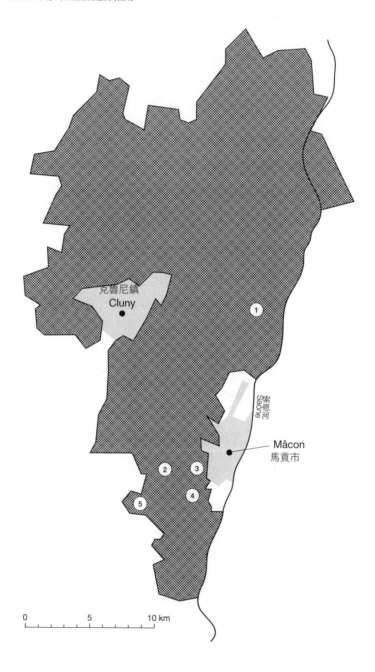

馬貢區
Le Mâconnais

　　馬貢區靠近同名的馬貢市，其葡萄園位於布根地南方、薄酒來產區的北方。這裡主產白酒，部分酒款的風格近似聖歐班或普里尼—蒙哈榭產區。長久以來，馬貢區就試圖以其酒質喚醒世人的注意，因為自從法定產區管理局於 1936 年成立以來，馬貢區一直沒有被規劃列級出一級園與特級園。

　　之所以如此，有其歷史因素。在二次世界大戰期間，德軍的占領區劃界就畫在馬貢市以北。當時，除了掛上一級葡萄園或是特級葡萄園的酒款，納粹德軍有權在酒莊裡翻找葡萄酒並占為己有。可想而知，被占領的北方產區便加快葡萄園分級的步伐，當時未被占領的馬貢區卻一度以為事不關己而錯失機會。時至今日，過去的錯誤或許即將被更正……

各村莊級法定產區

①維列—克雷榭（AOC Viré-Clessé）
②普依—富塞（AOC Pouilly-Fuissé）
③普依—樓榭 (AOC Pouilly-Loché)
④普依—凡列爾（AOC Pouilly-Vinzelle）
⑤聖維宏（AOC Saint-Véran）

阿爾薩斯
歡迎你

阿爾薩斯
L'Alsace

以釀造傑出白酒聞名的阿爾薩斯，在法國總是有些與眾不同。當地有孚日山脈擋住來自西邊的大西洋水氣，釀酒葡萄自高盧－羅馬人時期就已經存在。受惠於萊茵河與隆河的水運航線，阿爾薩斯的葡萄酒得以運輸至多國，像是以北的德國、奧地利以及其他北歐國家。

經過多年的富裕繁榮之後，阿爾薩斯在16世紀遇到長年的戰禍與死傷，各領域的文化活動大受影響。慘烈的三十年戰爭後，阿爾薩斯的葡萄園面積直接減少一半。

別忘了，1871-1918年期間的阿爾薩斯歸屬德國。當時與阿爾薩斯毗鄰的德國摩塞爾地區（Mosel）是該國最大的葡萄酒產區。一如所有的戰爭，總會帶來一些不忍卒睹的事情。一次大戰後，為因應所需，阿爾薩斯只能大量釀造一些應付日常所需但品質平庸的飲品。1919年，隨著凡爾賽條約的簽署，阿爾薩斯重回法國懷抱。隨後發生的二次大戰並未改變本地區葡萄酒業的蕭條慘狀。直到1945年，推動法定產區的意願開始形成，「阿爾薩斯葡萄酒」（Vins d'Alsace）的命名才初見曙光。

　　1971 年，法定產區管理局同意阿爾薩斯葡萄酒可在酒標上標示品種名，這是法國首例。自此，當地酒標幾乎都會標上品種，過去習慣標註的特定葡萄園名（Lieu-dit）反而式微。阿爾薩斯的地質非常多變，這也讓有關當局在 1975 年創設了阿爾薩斯特級園（Alsace grand cru）的分級制度，直至今日，阿爾薩斯共有 51 個特級園。然而本產區多數酒款還是以大賣場為主要銷售管道。有些葡萄酒農的產量過大，還會特意在酒裡留些殘糖以博取多數人喜愛。然而，這樣的酒質也讓阿爾薩斯的酒價常常維持在低檔徘徊。

　　在阿爾薩斯的白酒裡或多或少會含有一些殘糖，這不僅是事實，也是傳統文化的一部分。不過，品嘗多款含有殘糖的酒款後，味蕾容易疲乏，也容易覺得膩口。這真可惜，因為如果想整晚買醉的話，就可能無法撐得太久。幸運的是，新一代的酒農開始正視此問題，也降低每公頃產量。現在的酒款也愈釀愈干（不甜），同時更能反映風土來處；飲來更好消化，整體酒質與風味複雜度也提高了。此外，阿爾薩斯的酒價非常平易近人，建議大家趕快認識本產區的美酒；已經認識的，不妨重新親近阿爾薩斯的嶄新面貌。

　　※ 欲進一步認識阿爾薩斯的葡萄酒分級，請參照本書〈附錄〉。

RIBEAUVILLÉ-RIQUEWIHR

阿爾薩斯的美麗酒村里伯維雷

阿爾薩斯葡萄園

15,000 公頃

所在省份	園區土壤	氣　候
Bas-Rhin, Haut-Rhin	石灰岩、花崗岩、片岩、片麻岩與砂岩性質的土壤	溫和的大陸性氣候

主要的白酒品種：麗絲玲、格烏茲塔明那、灰皮諾、白皮諾、希爾瓦那、蜜思嘉

其他允許的白酒品種：夏多內、夏思拉、歐歇瓦、艾林根斯坦克雷夫諾（Klevener de Heiligenstein）

主要的紅酒品種：黑皮諾

阿爾薩斯的 AOC 法定產區

Alsace, Alsace grand cru, Crémant d'Alsace
（地方性的 Alsace 法定產區以及氣泡酒 Crémant d'Alsace 可以來自阿爾薩斯產區內的不同葡萄園）。

特殊情況

阿爾薩斯以釀製單一品種酒款出名，葡萄品種名通常也會標示在酒標上。但是有個例外：如果是以多品種混釀或混調而成的酒款，我們稱之為艾德茲威可（Edelzwicker）。

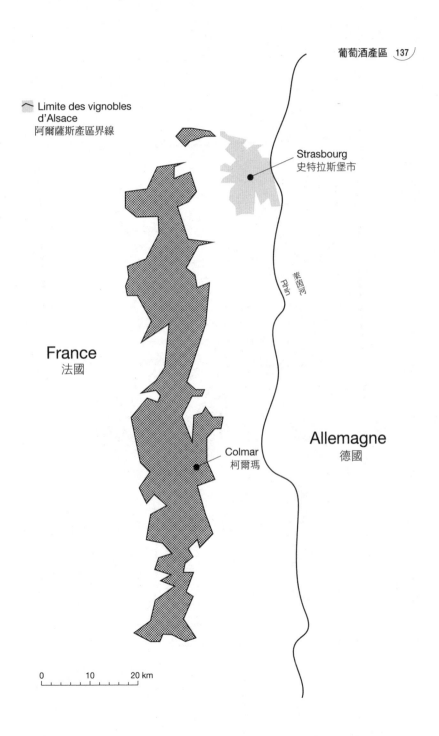

Limite des vignobles
d'Alsace
阿爾薩斯產區界線

Strasbourg
史特拉斯堡市

萊茵河
Rhin

France
法國

Allemagne
德國

Colmar
柯爾瑪

0   10   20 km

來喝薄酒來吧！

薄酒來
Le Beaujolais

薄酒來仍是個許多人不甚了解的產區，承認吧，當我們談到本產區，絕大多數時候談到的就是薄酒來新酒。當然，此新酒全世界知名，也曾替本產區帶來許多機會與成功，然而時至今日卻反傷己身。

薄酒來新酒在剛釀造完成後即可上市（在其他產區並不被允許），但其實是完成度不高的酒種。為達盡快上市的目的，這類酒款常常是經過人工增肌或是操弄後的成果。

這裡舉個容易理解的例子：喝薄酒來新酒，就像要求客人在十分鐘內把大麥克狼吞虎嚥到肚子裡，而不是好好地坐著悠閒地品啖一鍋美味的燉菜。可想而知，經由薄酒來新酒所反射出來的產區形象不會好到哪去，可說是為追求商業利益而犧牲酒質。

所幸，薄酒來的歷史真貌並不止於此。在凱撒大帝派遣的羅馬軍團駐地在此的時期，便已有釀酒葡萄樹存在。在此時期，本地的葡萄酒頗負盛名。藉由索恩河，薄酒來葡萄酒銷售到法國各地。在羅馬帝國滅亡後，釀酒葡萄的種植文化由修士們接續，一如法國其他產區。

不同的修道院（尤其是克魯尼教派）對本產區產生極大的影響力。其實，薄酒萊是個很優質的葡萄酒產區，在這裡只有加美葡萄可以完美地適應此地特殊的粉紅花崗岩土壤。

即便自 1950 年代起，薄酒來逐漸失去人們的關注，但這裡的酒農並不認命與認輸，愈來愈多的酒莊苦幹實幹希望能夠提升產區地位。他們逐步地成功改變人們對於本區只產初階香氣且嘗起來有些化學感的「解渴用酒」的既定印象，開始提供口感較為繁複，並且能夠呈現各個薄酒來優質村莊差異的酒款，重點是這些酒款甚至能夠陳放經年。

薄酒來優質村莊的記憶訣竅

如果你希望清楚有序且有效率地從北到南記憶各個薄酒來優質村莊的名稱，只要記住這個法文句子就好：「Si je cache mon fromage, comment mener royalement bonne chère」（如果我將我的起司藏起來，那如何豪華地呈現美味佳餚呢？）。

Si（如果）：**Saint-Amour**；je（我）：**Juliénas**；
cache（藏起來）：**Chénas**；mon（我的）：**Moulin-à-Vent**；
fromage（起司）：**Fleurie**；comment（那如何）：**Chiroubles**；
mener（呈現）：**Morgon**；royalement（豪華地）：**Régnié**；
bonne（美味）：**Brouilly**；chère（佳餚）：**Côte-de-Brouilly**。

薄酒來葡萄園

15,000 公頃

所在省份	園區土壤	氣 候
Rhône, Saône-et-Loire	花崗岩與石灰岩土壤	具大陸性氣候影響的海洋性氣候

主要的白酒品種：夏多內
主要的紅酒品種：加美

地方性法定產區
AOC Beaujolais, AOC Beaujolais-Villages

村莊級法定產區（薄酒來優質村莊）
① 聖艾姆（AOC Saint-Amour）
② 朱里耶納（AOC Juliénas）
③ 薛納（AOC Chénas）
④ 風車磨坊（AOC Moulin-à-Vent）
⑤ 弗勒莉（AOC Fleurie）
⑥ 希露柏勒（AOC Chiroubles）
⑦ 摩恭（AOC Morgon）
⑧ 黑尼耶（AOC Régnié）
⑨ 布依利丘（AOC Côte-de-Brouilly）
⑩ 布依利（AOC Brouilly）

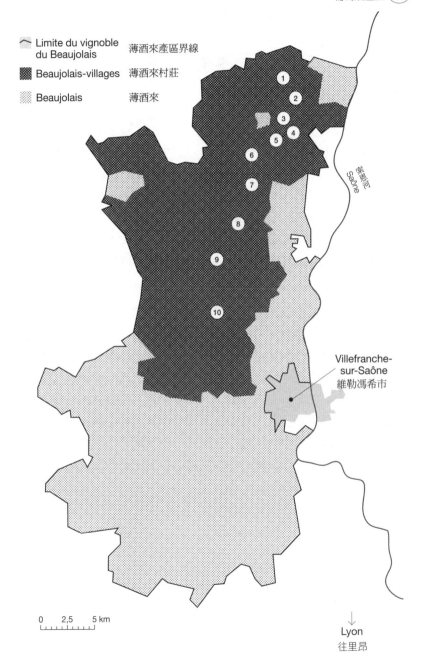

Lyon
往里昂

薄酒來新酒

　　非常受歡迎的「薄酒來新酒節」創立於 1951 年，於每年 11 月的第三個星期四舉行。因而 9 月初所採所釀的酒，11 月中就可以喝到。這真令人匪夷所思。通常依照「自然」的釀造法式，需時幾個月，但以薄酒萊新酒的例子而言，我們強制它必須在兩個月時間內就「釀好」。可想而知，要達致這樣的成果，這裡的加美葡萄也需要一些「興奮劑」來促進它加速前進（就像一些環法自行車賽的選手一樣）：這裡指的是二氧化碳浸泡法。

　　薄酒來為何會淪落至此？二次大戰之後，人民需酒若渴，量產才是重點。戰後的殘敗法國，需要大量可以立即飲用的酒精飲料以忘卻戰時的悲慘。同一時間，機械化農業的發展以及化學肥料與農藥開始問世。然而，這雖有助於產能與效能，但通常並無助於酒質的提升。此外，「優質的」薄酒來新酒與「劣質者」其實差距不大。再加上葡萄酒生產過剩，便不難理解為何本地的酒價年復一年地往下探底。不幸地，這些綜合因素對薄酒來優質村莊等級葡萄酒的整體形象與應有的高貴感毫無助益。

二氧化碳浸泡法

　　二氧化碳浸泡法這個技巧其實是在無意中發現的。最早是釀酒顧問法蘭茲（Michel Flanzy, 1902-1992）意圖以二氧化碳延長葡萄的保鮮期，然而實驗證明不管如何，葡萄最後仍會開始其酒精發酵程序，故實驗目的未臻成功。相反地，此法用在葡萄酒的釀造上卻有其特殊功用。事實上，二氧化碳浸泡法可讓剛釀好的酒具有奔放的香氣與清鮮的口感，而浸泡後仍會持續進行的正常酒精發酵所產生的單寧、酒精與酸度，則又讓酒獲得更多的複雜度與儲存能力。

　　二氧化碳浸泡法的原理其實很簡單。首先是採取完整、未去梗、未經破皮程序的整串葡萄，接著放入發酵槽中，上層葡萄的重量會開始壓破最下層葡萄，自葡萄流出的少量果汁會引發酒精發酵並產生二氧化碳。當整個發酵槽充滿二氧化碳時，葡萄果實內也自然地呈現缺氧狀態，而促動了葡萄果皮內的酵素性發酵。此時葡萄果粒開始產生初期衰敗，卻同時產生較多的色素以及香氣物質。在果皮內發酵的作用之下，會釋放出低酒精度的果汁，接著自然地進行傳統的酒精發酵。如此產生的葡萄酒，在年輕時會顯得風味簡單但順口易飲。

隆河谷地
La vallée du Rhône

隆河谷地的葡萄園面積相當廣闊,從位於最北的維恩市(Vienne)算至最南的盧貝宏(Lubéron)村為止共有 69,000 公頃,是法國占地最廣的產區之一。隆河谷地分成北隆河與南隆河兩大區塊。

在這裡,釀酒葡萄的種植文化自高盧－羅馬人時期即已存在,隆河的葡萄園甚至可能是法國歷史最悠久的葡萄園之一(靠近維恩市與東澤爾村〔Donzère〕的 Molard 羅馬大宅院的最新考古發現可資證明:約是西元 1 世紀的古蹟)。隆河也有利於葡萄酒的運送與名聲的傳佈,連義大利人都所有耳聞。

此外,14 世紀時,亞維儂(Avignon)取代羅馬成為教宗的居住地,助長了本地葡萄酒的盛名。當時的亞維儂除了是歐洲天主教的新首都,也是僅次於巴黎的法國第二大城(1309 年的 6,000 人口,到 1376 年時暴增至 4 萬)。總共至少有七位教

宗在宗教聖城亞維儂就任教宗一職。

教宗克雷蒙五世（Clément V）首先令人在馮度山（Mont Ventoux）附近種植屬於教宗所有的葡萄藤，幾年之後，接任者教宗尚二十二世（Jean XXII）下令修築知名的教皇新堡。在布索馬黎男爵（Pierre Le Roy de Boiseaumarié）的提倡下，教皇新堡法定產區終於在 1933 年獲得官方認可。六十五年後，正當法國大肆慶祝法國足球藍衫軍戰勝難纏對手巴西隊時，咸認是 20 世紀下半最偉大的美國酒評家羅伯・派克（Robert Parker）開始愛上教皇新堡的葡萄酒，也因此教皇新堡成為世界上最知名的產區之一。

多數的愛酒人都喜愛隆河谷地的葡萄酒。它是繼波爾多、布根地之後，最受歡迎的葡萄酒產區。當然，像是羅第丘（Côte-Rôtie）、艾米達吉（Hermitage）、恭得里奧（Condrieu）或是教皇新堡（Châteauneuf-du-Pape）這些法定產區都成名已久，不需再推廣。但是里哈克（Lirac）、凡索伯（Vinsobres）或是哈斯多（Rasteau）這些較不知名的產區該怎麼辦呢？為何這些酒老是被與強勁且高酒精度的印象相連結呢？幸好，新一代的酒農開始接手莊務，戮力試圖在保存南方葡萄酒特色的同時，釀出更清新且容易消化的葡萄酒。重點是這些酒的價格親民、酒質愈來愈好且已顯得更容易入口。

例外的第瓦區葡萄園

　　第瓦區（Diois）的葡萄園位於南、北隆河之間，介於瓦隆斯（Valence）與蒙地利馬（Montélimar）兩市之間，歸屬於隆河谷地產區，下轄四個法定產區。

- 迪—克雷賀特（AOC Clairette-de-Die）

- 迪丘（AOC Coteaux-de-Die）

- 第瓦—夏提雍（AOC Châtillon-en-Diois）

- 第瓦氣泡酒（AOC Crémant-de-Die）

隆河谷地葡萄園

69,000 公頃

所在省份	園區土壤	氣　候
Rhône, Loire, Ardèche, Gard, Drôme, Vaucluse	花崗岩、石灰岩、泥灰岩與砂質土壤	北隆河為受地中海型氣候影響的大陸型氣候；南隆河為受密斯特拉風影響的地中海型氣候

主要的白酒品種：白格那希、白克雷耶特、馬姍、胡姍、布布蘭克（Bourboulenc）、維歐尼耶、小粒種蜜思嘉

其他允許的白酒品種：白于尼、白皮克普爾（Piquepoul blanc）

主要的紅酒品種：格那希、希哈、慕維得爾

其他允許的紅酒品種：卡利濃、仙梭、古諾日（Counoise）、慕斯卡登（Muscardin）、瓦卡黑斯（Vaccarèse）、卡馬黑斯（camarèse）、黑皮克普爾、黑鐵烈（Terret noir）、灰格那希、粉紅克雷耶特

各區葡萄園

北隆河、第瓦區、南隆河

指定地理區保護（IGP）

Ardèche, Bouches-du-Rhône, Cévennes, Collines rhodaniennes, Comtés, rhodaniens, Coteaux des Baronnies, Coteaux du Pont du Gard, Drôme, Gard, Méditerranée, Sable de Camargue, Vaucluse

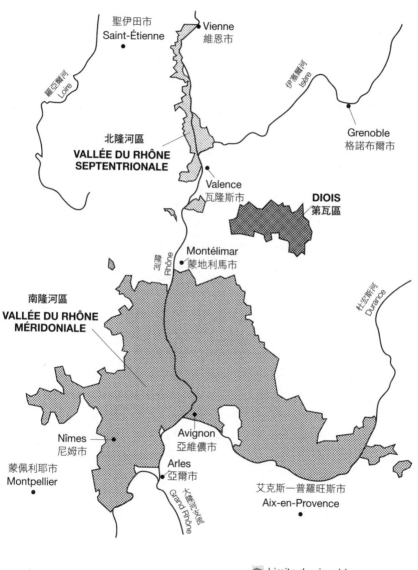

聖伊田市
Saint-Étienne

Vienne
維恩市

羅亞爾河
Loire

伊澤爾河
Isère

Grenoble
格諾布爾市

北隆河區
**VALLÉE DU RHÔNE
SEPTENTRIONALE**

Valence
瓦隆斯市

DIOIS
第瓦區

隆河
Rhône

Montélimar
蒙地利馬市

杜杭斯河
Durance

南隆河區
**VALLÉE DU RHÔNE
MÉRIDONIALE**

Nîmes
尼姆市

Avignon
亞維農市

蒙佩利耶市
Montpellier

Arles
亞爾市

大隆河支流
Grand Rhône

艾克斯—普羅旺斯市
Aix-en-Provence

0   10   20 km

Limite du vignoble
de la vallée du Rhône
隆河谷地產區界線

北隆河
La vallée du Rhône septentrionale

　　北隆河以羅第丘與恭得里奧法定產區的葡萄酒聞名，紅酒以希哈、白酒則以維歐尼耶為主要品種。

村莊級法定產區

① 羅第丘（AOC Côte-Rôtie）
② 恭得里奧（AOC Condrieu）
③ 格里耶堡（AOC Château-Grillet）
④ 聖喬瑟夫（AOC Saint-Joseph）
⑤ 艾米達吉（AOC Hermitage）
⑥ 克羅茲—艾米達吉（AOC Crozes-Hermitage）
⑦ 高納斯（AOC Cornas）
⑧ 聖佩雷（AOC Saint-péray）
⑨ 隆河丘地區性法定產區（AOC Côtes-du-Rhône）

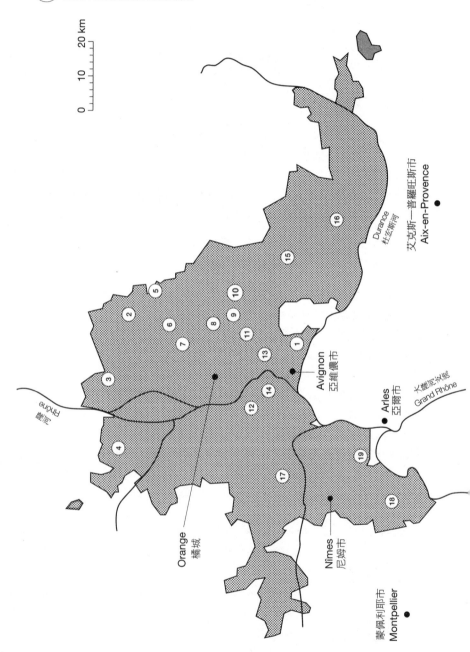

南隆河
La vallée du Rhône méridionale

　　南隆河產區因為出現過多位教宗而具有宗教上的重要性，其教皇新堡法定產區葡萄酒更是世界聞名，用以釀造此酒的 13 種葡萄品種也相當知名。

村莊級法定產區

①隆河丘地區性法定產區（AOC Côtes-du-Rhône）
②鄉村隆河丘（AOC Côtes-du-Rhône-Villages）
③格里農阿德瑪（AOC Grignan-les-Adhémar）
④維瓦瑞丘（AOC Côtes-du-Vivarais）
⑤凡索伯（AOC Vinsobres）
⑥哈斯多（AOC Rasteau）
⑦給漢（AOC Cairanne）
⑧吉恭達斯（AOC Gigondas）
⑨威尼斯—彭姆（AOC Beaumes-de-Venise）
⑩蜜思嘉威尼斯—彭姆（AOC Muscat de beaumes-de-Venise）
⑪瓦給哈斯（AOC Vacqueyras）
⑫里哈克（AOC Lirac）
⑬教皇新堡（AOC Châteauneuf-du-Pape）
⑭塔維勒（AOC Tavel）
⑮馮度丘（AOC Côtes-du-Ventoux）
⑯盧貝宏（AOC Lubéron）
⑰杜榭杜蔡斯（AOC Duché-d'Uzès）
⑱尼姆丘（AOC Costières-de-Nîmes）
⑲貝爾嘉德—克雷耶特（AOC Clairette-de-Bellegarde）

法定產區的誕生

葡萄根瘤芽蟲病廣泛致災，使得不少酒莊採取不當措施試圖力挽狂瀾以求生存，例如提高產量卻導致酒質下降、欺瞞釀酒葡萄的來源等等，這些因素都會破壞葡萄酒產區的聲譽，該是時候起身以正視聽了！

教皇新堡產區的莊主布索馬黎男爵藉由眾議員暨前任農業部長友人卡布斯（Joseph Capus）的協助，在 1932 年成立了「法國葡萄農協會聯合會」（Fédération des associations viticoles de France）。之後的 1933 年，男爵在教皇新堡產區的地理區劃界官司上取得勝訴，這也是法國史上第一次，對產區的法定命名有明確的定義與劃界。

1935 年，卡布斯提出一項旋即被接受的法案，也因此促使「法國葡萄酒暨生命之水原產地命名委員會」（Comité national des appellations d'origine des vins et des eaux-de-vie）的成立，成為之後「法定產區委員會」（Institut national des appellations d'origine, INAO）的前身。法定產區委員會的成立也讓教皇新堡與阿爾伯（Arbois）、塔維勒（Tavel）、卡西斯（Cassis）與蒙巴季亞克（Monbazillac）在 1936 年成為首批獲得法定產區認證的產區（教皇新堡更居首位）。

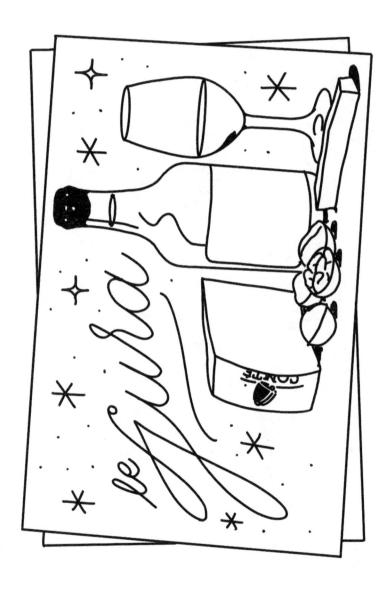

侏羅區
Le Jura

侏羅是法國最小的葡萄酒產區之一，長期被多數愛酒人所忽視，其實它是非常傑出且有趣的產區，有趣之處在於地理和土壤的多樣性，以及本產區葡萄酒的獨特個性。

侏羅產區位於於侏羅山脈，平均海拔四百多公尺，也是法國最美麗的產區之一。早期的塞爾特人已經在此種植葡萄釀酒，之後藉由和河運與海運，侏羅的葡萄酒名聲傳至全法國，甚至全世界。在此時期，整個地中海區域都風聞侏羅好酒名聲。

幾個世紀的光陰之後，由羅馬人墾植本區葡萄園，接著則由教會人士接手。在最輝煌的時期，侏羅的葡萄園面積將近 2 萬公頃，但之後的多場戰役與根瘤芽蟲病使得產區面積急遽縮小，目前只剩約 2,000 公頃。

本產區除以釀造黃葡萄酒（Vin jaune）著名，還釀造優良的白酒、氣泡酒與風味非常細緻的紅酒。

侏羅區葡萄園

1,900 公頃

所在省份	園區土壤	氣　候
Jura	石灰岩、黏土以及 藍色、紅色、灰色 與黑色泥灰岩土	半大陸性氣候

主要的白酒品種：莎瓦涅（Savagnin）、夏多內
主要的紅酒品種：土梭、普沙、黑皮諾

地方性法定產區
①侏羅丘（AOC Côtes-du-Jura）
②阿爾伯（AOC Arbois）
③阿爾伯─普皮朗（AOC Arbois-Pupillin）
④夏隆堡（AOC Château-Chalon）
⑤艾妥爾（AOC L'Étoile）

侏羅馬克凡利口酒（AOC Macvin-du-Jura）與侏羅氣泡酒（AOC Crémant du Jura）不限定特定地理區域，只要在侏羅區內即可釀造。

指定地理區保護（IGP）
Franche-Comté

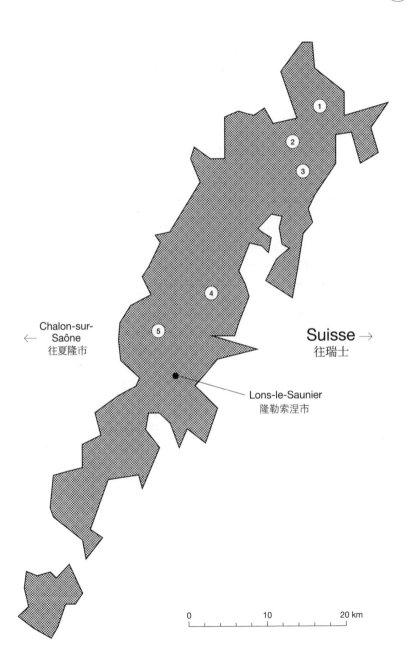

黃葡萄酒

如果我跟你提起侏羅區，你第一個聯想到的一定是「黃葡萄酒」。因黃葡萄酒只應此地有，其他地方找不到。因此酒，侏羅區顯得非常獨特。

黃葡萄酒以莎瓦涅品種釀造，且必須有白色黴花相助才得以竟其功。葡萄以手工採收，且通常略微過熟（約在 10 月底、11 月初採收）。葡萄搾汁後，緊接著導入橡木桶裡。當酒精發酵與乳酸發酵在桶裡完成後，超長的酒質培養期於焉展開，培養至少要達六年三個月，才能以黃葡萄酒的名義銷售；在此培養期間，橡木桶中的酒液會因蒸發而減少，但是酒農並不進行添桶的程序。酒液與空氣接觸之後，釀酒酵母（saccharomyces cerevisiae）會在酒液上頭形成一層薄薄的白色黴花，同時保護了酒液被完全氧化。

如此釀出的黃葡萄酒會帶有典型的榛果、咖哩以及果乾氣息，同時帶有極為綿長不歇的尾韻。黃葡萄酒以 Clavelin 形式的酒瓶進行裝瓶，此種特殊瓶裝容量是 620ml，而非一般的 750ml，少掉的容量用以指稱培養期間蒸發掉的部分（即「天使份額」）。

多謝囉！

薩瓦區
La Savoie

　　當我們提到薩瓦這個多山的地區時，主要談論的對象不外乎其優良的滑雪場或是美味的起司，雖然滑雪與起司令人心生嚮往，但似乎與本書主題無關。然而，誰會想到人們仍能在薩瓦這個雪鄉種植葡萄呢？其實，古早古早以前，薩瓦就有釀酒葡萄的存在，其美酒名聲甚至連坐鎮在羅馬的凱撒大帝都有所耳聞。

　　1860 年薩瓦歸屬法國，薩瓦的葡萄酒也成為法國其他產區的競爭對象。再加上葡萄根瘤芽蟲病的摧殘（此病害於 1877 年來到薩瓦），使得之後人們幾乎不再談論本區的葡萄酒，至少可說其葡萄酒的真正價值受到飲酒人忽視。幸運的是，新世代的葡萄農藉由降低每公頃產量使酒質得到提升，本產區的多元風土與幾個特殊品種也開始受到重視。目前有愈來愈多的識味者，開始專注研究薩瓦的葡萄酒，而不再僅侷限於著名特產起司。

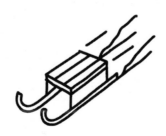

薩瓦區葡萄園

2,000 公頃

所在省份	園區土壤	氣　候
Savoie, Haute-Savoie	石灰岩、泥灰岩 與黏土質土壤	受海洋型氣候影響的 大陸型氣候

主要的白酒品種：賈給爾（Jacquère）、胡姍（Roussanne, 當地稱 Bergeron）、胡榭特（Roussette, 當地稱 Altesse）、夏思拉、岡傑（Gringet）

其他允許的白酒品種：夏多內、阿里哥蝶、馬姍、維戴斯（Verdesse）、白蒙得斯（Mondeuse blanche）、白維特林納（Velteliner blanc）

主要的紅酒品種：蒙得斯、加美、黑皮諾、佩桑（Persan）

其他允許的紅酒品種：卡本內弗朗、卡本內蘇維濃、Étraire de la Dui、Servanin、Joubertin、紅維特林納

地方性法定產區
①薩瓦或薩瓦葡萄酒（AOC Savoie ou vin de Savoie）
②薩瓦―胡榭特（AOC Roussette-de-Savoie）
③塞榭（AOC Seyssel）

指定地理區保護（IGP）
Comtés rhodaniens, Vin des Allobroges

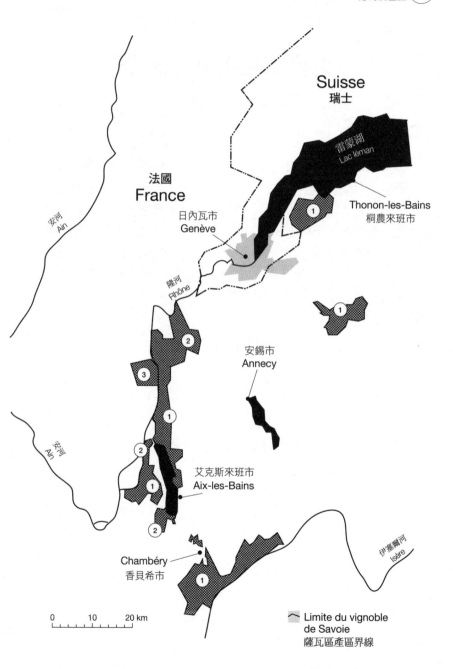

Suisse
瑞士

雷蒙湖
Lac léman

法國
France

日內瓦市
Genève

Thonon-les-Bains
桐農來班市

安河
Ain

隆河
Rhône

安錫市
Annecy

安河
Ain

艾克斯來班市
Aix-les-Bains

伊塞爾河
Isère

Chambéry
香貝希市

0　10　20 km

Limite du vignoble
de Savoie
薩瓦區產區界線

重獲認可的布杰產區
du Bugey

　　布杰這區的葡萄園位於薩瓦區與侏羅區之間，與法國其他產區似乎有些格格不入。我猜各位讀者還不認識布杰產區與其葡萄酒，然而幾個世紀以前，其實這裡的葡萄園種植面積甚至超過 1 萬公頃。不過，今日的布杰僅剩 500 公頃。此地也是知名的美食評論家布里亞─薩瓦蘭（Jean Anthelme Brillat-Savarin）的出生地。自 2009 年起，法定產區管理局正式替布杰的葡萄園設立法定產區命名，並且將它併入薩瓦區。

地方性法定產區

- 布杰（AOC Bugey）

- 布杰─胡榭特（AOC Roussette-du-Bugey）

指定地理區保護（IGP）

- Coteaux de l'Ain

- Isère

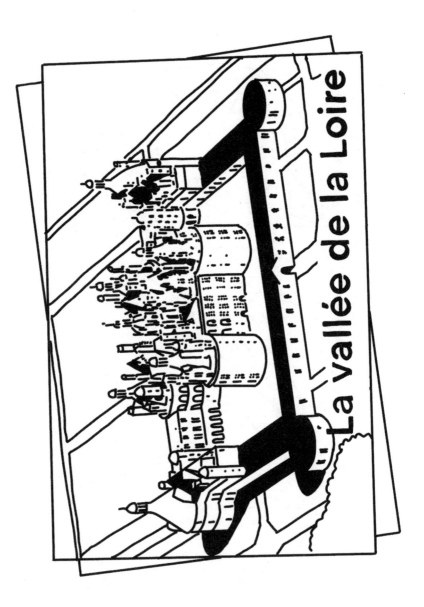

羅亞爾河谷地
La vallée de la Loire

羅亞爾河谷地以葡萄酒產區而言，多元而複雜，縱使聊上幾天、甚至幾星期都還可能聊不完。它之所以被聯合國教科文組織列為世界遺產，顯然並非浪得虛名。

你以為羅亞爾河谷地的葡萄園僅限於昂杰（Angers）與土爾（Tours）兩市附近？當然不是。本谷地葡萄園橫跨 15 省、近 1,000 公里。本區數量極多的法定產區起自旺代省（Vendée），順著羅亞爾河，直到多姆山省（Puy-de-Dôme）為止。也因而不難想像羅亞爾河谷地土壤、微氣候與歷史的多樣性。

就拿歷史來說，羅馬人在 1 世紀時就在西邊的南特市（Nantes）附近種植釀酒葡萄。本篤教派與奧古斯坦教派的修士隨後接手，在羅亞爾河與其支流沿岸種植葡萄樹長達數百年。別忘了，出生於勒芒市（Le Mans）的金雀花亨利二世先是具有安茹伯爵（Comte d'Anjou）的身分，之後才成為英國國王（參見頁 97）；基於亨利二世對妻子阿基坦女公爵艾莉諾的深情，他一時忘卻了家鄉羅亞爾河谷地的葡萄園，反而專注於波爾多身上。然而，羅亞爾河谷地的葡萄酒仍能在法國王室

裡享有名聲，美名甚至傳至英國。不幸地，法國大革命以及之後的葡萄根瘤芽蟲病，大大地打擊的本地的葡萄酒產業。

羅亞爾河谷地為法國第三大葡萄酒產區，以生產白酒為主。某些法定產區的微氣候，如萊陽丘（Coteaux-du-Layon）或梧雷（Vouvray）很適合釀製甜白酒。雖長期未受應有重視，羅亞爾河谷地自幾年前起重新受到矚目，釀造出法國最佳的葡萄酒（包括白酒與紅酒）。整個谷地可分為 5 個次產區以及 58 個法定產區。

各法定產區

南特地方

- AOC Coteaux-d'Ancenis
- AOC Fiefs-Vendéens
- AOC Gros-Plant-du-Pays-Nantais
- 蜜思卡得（AOC Muscadet）
- AOC Muscadet-Coteauxde-la-Loire
- AOC Muscadet-Côtes-de-Grandlieu
- 塞弗曼恩蜜思卡得（AOC Muscadet-Sèvre-et-Maine）

安茹—梭密爾

- 安茹（AOC Anjou）
- AOC Anjou-Villages
- AOC Anjou-Villages-Brissac
- AOC Anjou-Coteaux-de-la-Loire
- 邦若（AOC Bonnezeaux）
- AOC Cabernet-de-Saumur
- AOC Cabernet d'Anjou
- AOC Coteaux-de-l'Aubance
- AOC Coteaux-de-Saumur
- 萊陽丘（AOC Coteaux-du-Layon）
- 休姆—卡德特級園（AOC Coteaux-du-Layon grand cru Quarts-de-Chaume）
- 休姆一級園（AOC Coteaux-du-Layon premier cru Chaume）
- AOC Crémant-de-Loire
- AOC Rosé-de-Loire

- AOC Rosé-d'Anjou
- 梭密爾（AOC Saumur）
- 梭密爾—香比尼（AOC Saumur-Champigny）
- 莎弗尼耶（AOC Savennières）

- 莎弗尼耶—賽洪河波（AOC Savennières-Coulée-de-Serrant）
- 莎弗尼耶—修士之岩（AOC Savennières-Roche-aux-Moines）

都漢區

- 布戈憶（AOC Bourgueil）
- 修維尼（AOC Cheverny）
- 希濃（AOC Chinon）
- AOC Coteaux-du-Loir
- AOC Coteaux-du-Vendômois
- 庫爾—修維尼（AOC Cour-Cheverny）
- AOC Crémant-de-Loire
- AOC Haut-Poitou

- 賈斯尼耶（AOC Jasnières）
- AOC Montlouis-sur-Loire
- AOC Rosé-de-Loire
- AOC Rosé-d'Anjou
- 布戈憶—聖尼古拉（AOC Saint-Nicolas-de-Bourgueil）
- 都漢（AOC Touraine）
- AOC Touraine-Noble-Joué
- 梧雷（AOC Vouvray）

中央產區

- AOC Châteaumeillant
- AOC Coteaux-du-Giennois
- AOC Menetou-Salon
- AOC Orléans
- AOC Orléans-Cléry
- 普依—芙美（AOC Pouilly-Fumé）

- AOC Pouilly-sur-Loire
- AOC Quincy
- AOC Reuilly
- 松塞爾（AOC Sancerre）
- AOC Valençay

歐維涅

- AOC Côte-Roannaise
- AOC Côtes-d'Auvergn

- AOC Côtes-du-Forez
- 聖普桑（AOC Saint-Pourçain）

指定地理區保護（IGP）

- Val de Loire
- Coteaux du Cher et de l'Arnon
- Côtes-de-la-Charité

- Comtés rhodaniens
- Puy-de-Dôme
- Urfé

羅亞爾河谷地葡萄園

50,000 公頃

所在省份	園區土壤	氣　候
Allier, Cher, Indre, Indre-et-Loire, Loir-et-Cher, Loire, Loire-Atlantique, Loiret, Maine-et-Loire, Nièvre, Puy-de-Dôme, Sarthe, Deux-Sèvres, Vendée, Vienne	石灰岩、泥灰岩、燧石、石灰華（Tuffeau）、片岩以及沙質土壤	受大陸型以及海洋型氣候影響的溫和氣候帶

主要的白酒品種：白梢楠、夏多內、布根地香瓜、白蘇維濃

其他允許的白酒品種：白芙爾、Menu pineau、夏思拉、灰格洛（Grolleau gris）、侯莫宏丹（Romorantin）、Saint-pierre doré、Tressalier、維歐尼耶

主要的紅酒品種：卡本內弗朗、卡本內蘇維濃、鉤特（Côt，即馬爾貝克）、黑皮諾、加美、歐尼彼諾（Pineau d'Aunis）、格洛

其他允許的紅酒品種：皮諾莫尼耶、灰皮諾、聶格列特（Négrette）、Gamay-saint-romain

各區葡萄園（VIGNOBLES）

南特地方（Pays nantais）、安茹—梭密爾（Anjou-Saumur）、都漢（Touraine）、中央產區（Centre）、歐維涅（Auvergne）

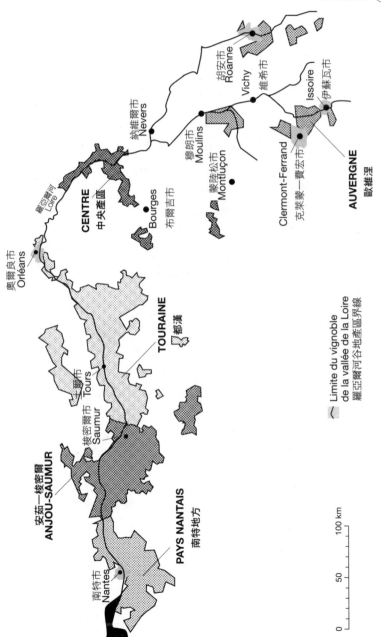

胡安市
Roanne

維希市
Vichy

伊蘇瓦市
Issoire

納維爾市
Nevers

穆朗市
Moulins

蒙陸松市
Montluçon

克萊蒙—費宏市
Clermont-Ferrand

AUVERGNE
歐維涅

羅亞爾河
Loire

CENTRE
中央產區

Bourges
布爾吉市

奧爾良市
Orléans

TOURAINE
都漢

都爾市
Tours

ANJOU-SAUMUR
安茹—梭密爾

梭密爾市
Saumur

PAYS NANTAIS
南特地方

南特市
Nantes

Limite du vignoble
de la vallée de la Loire
羅亞爾河谷地產區區界線

0   50   100 km

西南部橄欖球隊

西南部產區
Le Sud-Ouest

　　要把西南部產區完全搞懂其實很困難，因為它占地實在太廣！釀酒葡萄樹自庇里牛斯一大西洋省（Pyrénées-Atlantiques）起，接著往上到多爾多涅省（Dordogne）都可見到，這屬於西區範圍：跨越四省，經過阿將（Agen）與土魯斯（Toulouse）兩市，直到阿維宏省（Aveyron）。光以貝傑哈克區（Bergeracois）來說，它的面積與整個阿爾薩斯差不多！當你面對如此多樣的風土、氣候以及葡萄品種，想要建立西南部產區的特有葡萄酒印象，幾乎是不可能的任務。

　　不過可以確定的是，西南部產區長期活在超級明星波爾多的陰影之下。為讓葡萄酒商業與運送更為方便順暢，許多主要的法定產區都位在加隆河、多爾多涅河、洛特河（Lot）與坦恩河（Tarn）沿岸。由於西南部產區葡萄園位在「聖雅各朝聖之路」上，故而當地的葡萄酒非常受到信徒的喜愛，相信上帝也有好評。此外，法國國王方思瓦一世對馬第宏（Madiran）的酒讚譽有加，而亨利四世幼年時是在居宏頌（Jurançon）產區受洗的，咦，竟然跟我一樣，是巧合嗎？不會吧……

西南部產區葡萄園

45,000 公頃

所在省份	園區土壤	氣候
Ariège, Aveyron, Corrèze, Dordogne, Haute-Garonne, Gers, Landes, Lot, Lot-et-Garonne, Pyrénées-Atlantiques, Hautes-Pyrénées, Tarn, Tarn-et-Garonne	石灰岩、黏土、花崗岩與砂質土壤	受地中海型氣候影響的大陸型與海洋型氣候

主要的白酒品種： Arrufiac、baroque、白梢楠、高倫巴（Colombard）、大蒙仙（Gros manseng）、連得勒依（len de l'el）、莫札克（Mauzac）、翁東克、petit courbu、小蒙仙、白蘇維濃

其他允許的白酒品種： Camaralet、Lauzet、Raffiat de Moncade、白于尼、克雷耶特等等

主要的紅酒品種： 卡本內弗朗、卡本內蘇維濃、鉤特、Duras、菲樹瓦度（fer servadou）、加美、梅洛、聶格列特、Prunelard、希哈、塔那（Tannat）

其他允許的紅酒品種： 阿布麗由（Abouriou）、Braucol、Pinenc、Mérille、黑居宏頌（Jurançon noir）、Pinotou d'Estaing 等等

各法定產區

①AOC Montravel, ②AOC Haut-Montravel, ③AOC Côtes-de-Montravel, ④AOC Bergerac, ⑤AOC Côtes-du-Bergerac, ⑥AOC Saussignac, ⑦AOC Côtes-de-Duras, ⑧AOC Rosette, ⑨AOC Pécharmant, ⑩AOC Monbazillac, ⑪AOC Côtes-du-Marmandais, ⑫依蘆雷姬（AOC Irouléguy）, ⑬居宏頌（AOC Jurançon）, ⑭AOC Béarn, ⑮AOC Tursan, ⑯AOC Saint-Mont, ⑰馬第宏（AOC Madiran）, ⑱AOC Pacherenc-du-Vic-Bilh, ⑲AOC Buzet, ⑳AOC Brulhois, ㉑卡歐（AOC Cahors）, ㉒AOC Coteaux-du-Quercy, ㉓AOC Entraygues-le-Fel, ㉔AOC Estaing, ㉕AOC Marcillac, ㉖AOC Saint-Sardos, ㉗AOC Fronton, ㉘AOC Gaillac, ㉙AOC Gaillac-Premières-Côtes, ㉚AOC Côtes-de-Millau

指定地理區保護（IGP）

Agenais, Atlantique, Aveyron, Comté tolosan, Coteaux de Glanes, Côtes de Gascogne, Côtes du Lot, Côtes du Tarn, Gers, Lavilledieu, Périgord, Thézac-Perricard, Vins de la Corrèze

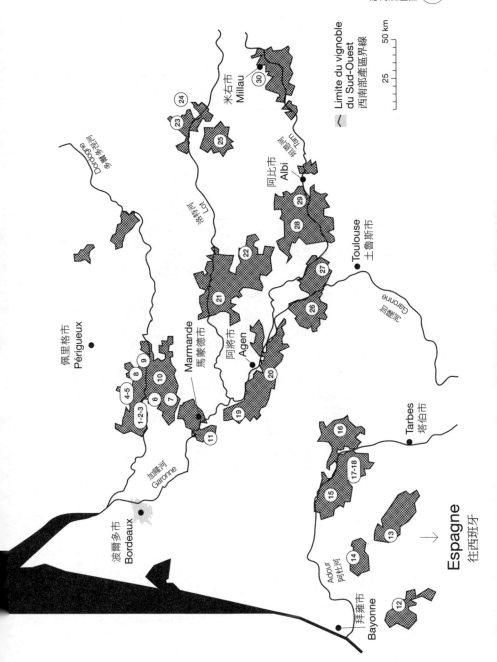

Limite du vignoble
du Sud-Ouest
西南部產區區界線

25　50 km

佩里格市
Périgueux

多爾多涅河
Dordogne

米右市
Millau

30

24

23

25

洛特河
Lot

阿比市
Albi

塔恩河
Tarn

29

28

22

土魯斯市
Toulouse

27

馬蒙德市
Marmande

阿將市
Agen

21

26

加隆河
Garonne

8　9

4-5

10

6　7

1-2-3

11

20

19

波爾多市
Bordeaux

加隆河
Garonne

塔伯市
Tarbes

16

17-18

15

Espagne
往西班牙

13

阿杜爾河
Adour

14

拜雍市
Bayonne

12

Languedoc-Roussillon

隆格多克—胡西雍地區
Le Languedoc-Roussillon

對於陽光滿溢的隆格多克—胡西雍地區的葡萄酒，許多人似乎早有定見。這裡的酒被認為很飽滿、強勁、單寧多、酒精濃度高……，當我們提到隆格多克—胡西雍的酒，這類比較級形容詞的名單相當長。不過可以確認的是，這裡的酒不會讓你「一飲即忘」。

隆格多克—胡西雍位於地中海盆地的核心地帶，從古希臘時期起葡萄樹就在此成長。之後的羅馬人以及更後期一些的修道院修士也接手種植此爬藤植物。大巴黎區周遭的農民放棄了釀酒葡萄，改種穀物，使得巴黎人需酒若渴，因此需要有一地區能夠大量生產葡萄酒來回應此需求，而陽光充足又能夠大量提供熟美葡萄的隆格多克—胡西雍就成為最佳供酒來源。

就在波爾多葡萄酒的酒價愈來愈高的當口，本地充分滿足了巴黎人的飲酒需求，但同時也某種程度地削弱了酒質。然而，我們不能抽掉情境來看事情：幾個世紀以來，飲用水常常受到污染甚至成為疾病的來源，以前的法國人將葡萄酒當作是日常飲料來看待。

有些老人家憶起古早時，他們每天的葡萄酒飲用量在 6-8 瓶之間！當時，葡萄酒的世界還沒有新科技協助，許多葡萄酒甚至尚未完整地完成酒精發酵程序，釀好的酒之酒精度也不是12.5%，常常只有 8% 左右，所以比較喝不醉。當時的隆格多克─胡西雍葡萄酒可是相當受到歡迎。總而言之，現在讀者應該可以了解為何南方的酒常常不具有令人欣羨的良好形象。

幸運地，現在有非常多的隆格多克─胡西雍酒莊離棄釀酒合作社的形式，開始自釀自銷。他們在種植與釀造上更專注與細心，對風土的理解也更明確，甚至有新的優質法定產區出現，如在 2014 年設立的拉札克梯田（Terrasses du larzac）產區。本地酒質不僅已獲提升，甚至也博取了相當好的名聲。

LA TOUR MADELOC

南法馬德洛克城堡的圓塔

隆格多克—胡西雍地區葡萄園

45,000 公頃

所在省份	園區土壤	氣　候
Aude, Gard, Hérault, Pyrénées-Orientales	石灰岩、黏土、片岩、砂岩	溫和的地中海型氣候

主要的白酒品種：Ourboulenc、克雷耶特、白格那希、馬姍、胡姍、維門替諾（Vermentino）、Piquepoul

其他允許的白酒品種：小粒種蜜思嘉、亞歷山得里—蜜思嘉（Muscat d'Alexandrie）、馬卡伯（Macabeu）、馬瓦西亞（Malvoisie）、灰格那希、白于尼

主要的紅酒品種：格那希、希哈、慕維得爾

其他允許的紅酒品種：卡利濃、仙梭

各法定產區

①AOC Malepère, ②AOC Limoux, ③AOC Blanquette-de-Limoux, ④AOC Crémant-de-Limoux, ⑤AOC Cabardès, ⑥密內瓦（AOC Minervois）, ⑦AOC Minervois-la-Livinière, ⑧AOC Muscat-de-Saint-Jean-de-Minervois, ⑨柯比耶（AOC Corbières）, ⑩菲杜（AOC Fitou）, ⑪AOC Corbières-Boutenac, ⑫AOC La Clape, ⑬AOC Languedoc, ⑭AOC Saint-Chinian, ⑮佛傑爾（AOC Faugères）, ⑯AOC Clairette-du-Languedoc, ⑰AOC Picpoul-de-Pinet, ⑱AOC Terrasses-du-Larzac, ⑲風替紐—蜜思嘉（AOC Muscat-de-Frontignan）, ⑳AOC Muscat-de-Mireval, ㉑AOC Muscat-de-Lunel, ㉒AOC Pic-Saint-Loup

指定地理區保護（IGP）

Ariège, Aude, Cévennes, Cité de Carcassonne, Côte Vermeille, Coteaux d'Ensérune, Coteaux de Narbonne, Coteaux de Peyriac, Coteaux du Libron, Coteaux du Pont du Gard, Côtes catalanes, Côtes de Thau, Côtes de Thongue, Côtes du Brian, Duché d'Uzès, Gard, Haute vallée de l'Aude, Haute vallée de l'Orb, Le Pays Cathare, Pays d'Hérault, Pays d'Oc, Sable de Camargue, Saint-Guilhem-le-Désert, Vallée du Paradis, Vicomté d'Aumelas

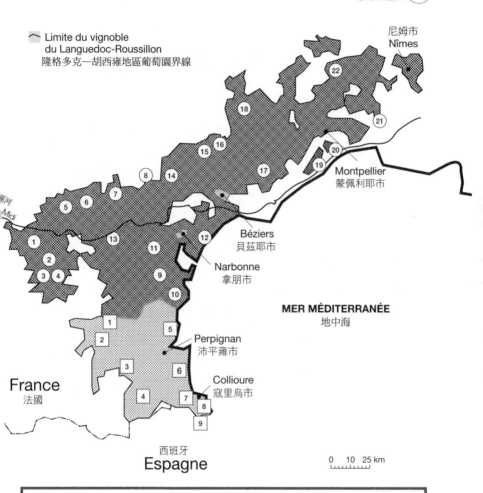

胡西雍各法定產區

1 莫利（Maury）, 2 Côtes-du-Roussillon-Villages, 3 胡西雍丘（Côtes-du-Roussillon）, 4 Grand-Roussillon, 5 麗維薩特一蜜思嘉（Muscat-de-Rivesaltes）, 6 Rivesaltes, 7 Collioures, 8 Banyuls, 9 班努斯特級園（Banyuls grand cru）

胡西雍指定地理區保護

Côtes Vermeille, Côtes Catalane, Pays d'Oc, Vallée du Torgnan

天然甜葡萄酒

　　品飲葡萄酒的新手常常會將口感的輕盈度與甜潤感混為一談。在葡萄酒的世界裡，當我們講到甜酒時，其實主要就是指其酒中殘糖量。過去幾個世紀以來，波爾多與羅亞爾河谷地以極成熟的葡萄所釀的甜酒廣泛地受到歡迎。

　　隆格多克—胡西雍地區的甜酒特色，起自於在 1285 年時，沛平雍市居民維拉諾瓦（Arnau de Vilanova）發現：當我們在葡萄酒的發酵過程中加入中性酒精，便可終止發酵程序。如此釀出帶有殘餘糖份的甜酒，其酒精結構其實就來自所加入的生命之水。這種程序稱為「酒精強化」（Muté），其實知名的波特甜酒就運用同樣方法釀出。

　　這類天然甜葡萄酒（Vins Doux Naturels）可以在不鏽鋼槽裡培養以保留豐富果香，或是經過橡木桶培養以發展出特殊的氧化風味（一如侏羅區的釀法），也可讓整體風味更為複雜。天然甜葡萄酒通常具有絕佳的儲存潛力。

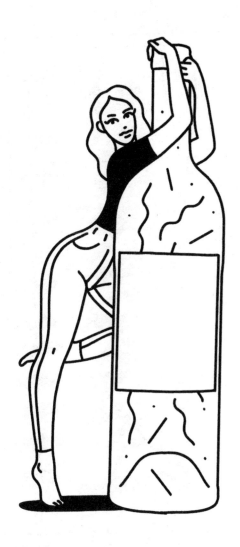

普羅旺斯
La Provence

　　陽光、大海、濱海散步道以及迷人的艾克斯—普羅旺斯小城……這就是普羅旺斯給人的淺顯卻耀眼的第一印象。然而，普羅旺斯可說是法國種植釀酒葡萄樹的始祖產區。

　　西元前 600 年，希臘水手在此建立馬賽港，同時也引進了第一批的葡萄樹，此爬藤類果樹隨後擴散至高盧全境。由於鄰近義大利邊境，使得具有羅馬人風情的普羅旺斯成為法國真正的葡萄酒搖籃。

　　今日，當談到普羅旺斯的葡萄酒時，又怎能忘記提到這裡知名的粉紅酒呢？普羅旺斯的粉紅酒產量占全法國粉紅酒總產量的八成有餘，也讓法國成為全球粉紅酒的最大產酒國。然而，普羅旺斯的紅、白酒其實也頗負盛名。的確，當全球的影視紅星來到坎城或是聖托沛度假時，普羅旺斯葡萄酒可能不是她們來此的首要追尋目標，但幸運地是，像是邦斗爾（Bandol）、貝雷（Bellet）或是巴雷特（Palette）這幾個優質的法定產區，的確能釀出讓我們深受感動的葡萄酒。

普羅旺斯葡萄園

29,000 公頃

所在省份	園區土壤	氣　候
Bouches-du-Rhône, Var, Alpes-de-Haute-Provence, Alpes-Maritimes	石灰岩、黏土、泥灰岩、砂岩、片岩以及砂質土壤	溫和的地中海型氣候

主要的白酒品種：侯爾（Rolle）、白于尼、克雷耶特、榭密雍

其他允許的白酒品種：布布蘭克、胡姍、Mayorquin、Pignerol

主要的紅酒品種：格那希、希哈、仙梭、Tibouren、慕維得爾、卡利濃、卡本內蘇維濃

其他允許的紅酒品種：Coudoies、Calitor、勃拉給（Braquet）、黑芙爾（Folle noire）

各法定產區

①AOC Les-Baux-de-Provence
②艾克斯—普羅旺斯丘（AOC Coteaux-d'Aix-en-Provence）
③AOC Coteaux-de-Pierrevert
④巴雷特（AOC Palette）
⑤卡西斯（AOC Cassis）
⑥AOC Coteaux-varois-en-Provence
⑦邦斗爾（AOC Bandol）
⑧AOC Côtes-de-Provence
⑨貝雷（AOC Bellet）

指定地理區保護（IGP）

Alpes-de-Haute-Provence, Alpes-Maritimes, Alpilles, Bouches-du-Rhône, Hautes-Alpes, Maures, Méditerranée, Mont-Caume

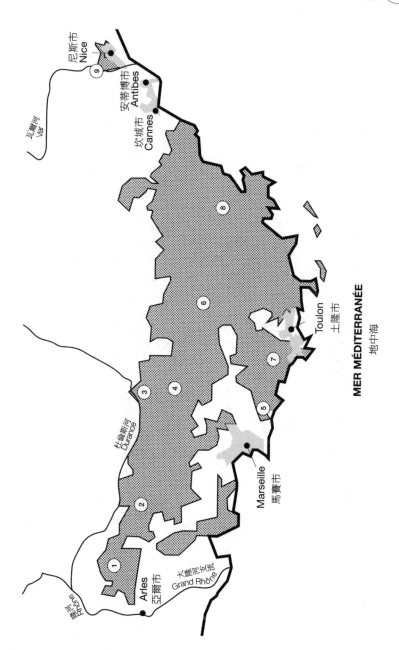

尼斯市
Nice

瓦爾河
Var

安蒂博市
Antibes

坎城市
Cannes

⑨

⑧

⑥

杜倫斯河
Durance

③

④

⑦

⑤

Toulon
土隆市

Marseille
馬賽市

②

①

Arles
亞爾市

大隆尼沃流
Grand Rhône

隆河
Rhône

MER MÉDITERRANÉE
地中海

科西嘉
La Corse

自古以來，地中海周邊的偉大航海家就愛把科西嘉島當作暫歇的中途站，釀酒葡萄樹也早早在此生根：西元前 6 世紀，希臘人就將葡萄樹引入島上（只消看看當時人們的生活型態，即可知為何在此種植葡萄樹）。之後，凱撒大帝下掌政下的羅馬帝國繼續替葡萄酒文化扎根，並將島上特產輸入歐洲大陸。

科西嘉島同樣逃不掉葡萄根瘤芽蟲病的侵害。阿爾及利亞在 1960 年代初獨立時，因而被遣送回國的島民開始認真耕作釀酒，也讓島上酒業風光一時。之後由於人工便宜、每公頃產量過大，酒價持續低落等，導致形象持續處於低落的狀態。

不過自 1990 年代起，多數的島上產酒者開始警覺到如此繼續下去，島上的經濟與知識傳承將毀於一旦，故而改弦更張，致力於提升島上幾個優質葡萄園的名氣與酒質。最優秀的法定產區包括巴替摩尼歐（Patrimonio）、阿加修（Ajaccio）和科西嘉角蜜思嘉（Muscat-du-cap-corse）等，所以，我們不要再稱本島為「美麗之島」，應該叫它「美酒之島」！

科西嘉葡萄園

5,000 公頃

所在省份	園區土壤	氣　候
Haute-Corse, Corse-du-Sud	石灰岩、花崗岩 以及片岩土壤	地中海型氣候

主要的白酒品種：維門替諾

其他允許的白酒品種：小粒種蜜思嘉、Biancu gentile、Codivarta、Génovèse、Barbarossa、Biancone、Brustiano、Paga debiti、Riminèse、Rossola brandinca、Rossola bianca

主要的紅酒品種：涅魯秋（Niellucciu）、西亞卡列羅

其他允許的紅酒品種：Morescola、Morescono、阿雷阿堤哥（Aleaticu）、Minustellu、Carcaghjolu neru、Montanaccia

各法定產區
①阿加修（AOC Ajaccio）
②科西嘉角蜜思嘉（AOC Muscat-du-cap-corse）
③巴替摩尼歐（AOC Patrimonio）
④科西嘉葡萄酒（AOC Vin de Corse）

指定地理區保護（IGP）
Île de Beauté, Méditerranée

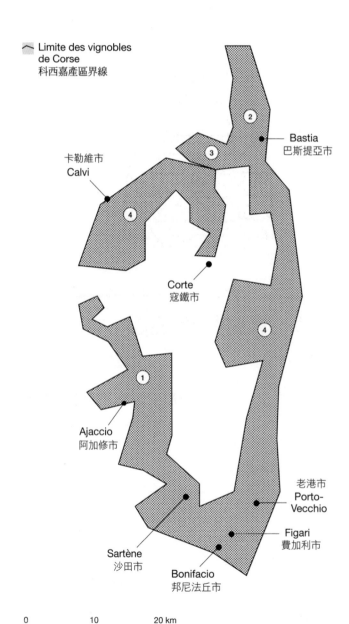

Limite des vignobles
de Corse
科西嘉產區界線

Bastia
巴斯提亞市

卡勒維市
Calvi

Corte
寇鐵市

Ajaccio
阿加修市

老港市
Porto-
Vecchio

Figari
費加利市

Sartène
沙田市

Bonifacio
邦尼法丘市

0   10   20 km

蒙馬特克羅園

0.5 公頃

所在省份	園區土壤	園區擁有人
巴黎市政府	砂質土壤	巴黎市政府

種植品種：主要是加美與黑皮諾

葡萄藤樹齡：1932

葡萄株數量：1,762

使用農法：有機農法（但未經認證）

每年總產量：1,500 瓶

蒙馬特克羅園
Le Clos-Montmartre

每當有人提起蒙馬特丘（Montmartre）的葡萄酒，我們的臉上會自然地泛起微笑，然後才收斂笑意，不信？你試試看！事實上，蒙馬特種植釀酒葡萄樹的歷史可追溯至高盧－羅馬人時期。18 世紀時，受到蒙馬特修道院（位於目前的「女修道院院長廣場」上）修女的釀酒知識的嘉惠，本園名氣大噪一時。

然而 19 世紀時，由於人口增加、法國其他葡萄園的競爭、採石場的開鑿（蒙馬特丘本身）以及本區城市建設的擴展，種種因素引發了蒙馬特葡萄園的沒落。由於普爾波（Francisque Poulbot）與慈善組織「蒙馬特共和國」（République de Montmartre）堅持反對土地開發案，才使該區人民於 1930 年代能成功地在蒙馬特丘一角（位於 Saint-Viecent 與 Des Saules 兩路圍起的三角窗地塊）成功地種植了幾行葡萄樹。

今日的蒙馬特克羅園屬於巴黎市政府所有，並有專業葡萄農與釀酒師照顧，值得持續保持關注！

la

fabrication

du vin

葡萄酒的產製

紅葡萄酒的釀造

1. **採收 Vendanges：**
以以手工採收可以保持果粒完整性。機械採收則可能損傷果粒，並降低最後的葡萄酒品質。

2. **去梗 Éraflage：**
選擇性手續。指去除葡萄梗使之與果串分離，只保留果粒。

3. **破皮 Foulage：**
選擇性手續。即壓破果粒，使流出的葡萄汁與飽含色素（花青素）的果皮接觸。

4. **浸皮 Macération：**
所有的葡萄都置入發酵槽裡，此果汁、果皮與葡萄籽混合一塊的物質，法文稱為Moût。也是在此階段，釀酒人可形塑該酒的風格。

5. **踩皮 Pigeage：**
整個 Moût 踩破翻攪，使得整槽的上下層得以均勻浸皮以利萃取。

6. **酒精發酵**
Fermentation alcoolique：
葡萄汁裡自然存在的野生酵母，將藉由發酵把糖份轉換成酒精以成為葡萄酒。

7. **榨汁 Pressurage：**
壓榨葡萄皮渣層（包含皮與葡萄籽等）為最後的成酒帶來更深酒色以及香氣。

8. **乳酸發酵**
Fermentation malolactique：
選擇性手續。指蘋果酸轉變成乳酸，酒中酸度降低且口感變得更圓潤。

9. **酒質培養 Élevage：**
藉此讓酒質穩定，葡萄酒可在不同容器內進行培養（如橡木桶、不鏽鋼槽或是陶甕）。

10. **混調 Assemblage：**
一款酒可以是不同品種或是不同地塊的酒混調而成。經過此混調不同酒液的過程，我們可得出某酒款（Cuvée）。

11. **澄清 Clarification：**
釀酒者藉由過濾手續去除酒中大小渣粒，使酒質顯得澄清。

12. **裝瓶 Embouteillage：**
進行裝瓶手續後，葡萄酒便可上市銷售。

榨汁法粉紅酒的釀造

　　這是我們所知的最典型粉紅酒釀造方式。藉由此釀法，我們可以得出淡色粉紅酒（Vin gris）：在此情況下，榨汁時間會縮短，以避免榨汁與葡萄皮過度接觸而染色。

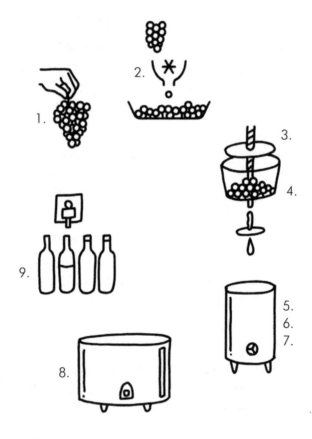

1. **採收 Vendanges：**
   手工或是機械採收。

2. **去梗 Éraflage：**
   選擇性手續。指去除葡萄梗使之與果串分離，只保留果粒。

3. **直接搾汁 Pressurage direct：**
   採收後，以氣墊式搾汁機直接壓搾葡萄。這首道鮮搾的果汁是釀造此類粉紅酒追求的。

4. **靜置澄清 Débourbage：**
   藉由此手續，可將果汁與所有的固體物質分離（如果皮碎片、葡萄籽等等）。

5. **酒精發酵**
   Fermentation alcoolique：
   葡萄汁裡自然存在的野生酵母將藉由發酵，把糖份轉換成酒精以成為葡萄酒。

6. **乳酸發酵**
   Fermentation malolactique：
   指蘋果酸轉變成乳酸，酒中酸度降低而且口感變得更圓潤。釀造此類粉紅酒時，有些人選擇不進行乳酸發酵，所以抑制其發生。

7. **酒質培養 Élevage：**
   藉此讓酒質穩定，葡萄酒可在不同容器內進行培養（如橡木桶、不鏽鋼槽或是陶甕）。

8. **混調 Assemblage：**
   一款酒可以是不同品種或是不同地塊的酒混調而成。經過此混調不同酒液的過程，我們可得出某酒款。

9. **裝瓶 Embouteillage：**
   進行裝瓶手續後，葡萄酒便可上市銷售。

放血法粉紅酒的釀造

　　由於現在的消費者比較習於酒色較明亮且澄清的粉紅酒，故放血法粉紅酒的釀法常常被擱置一旁。此類粉紅酒也常常讓人誤以為是清淡的紅葡萄酒。

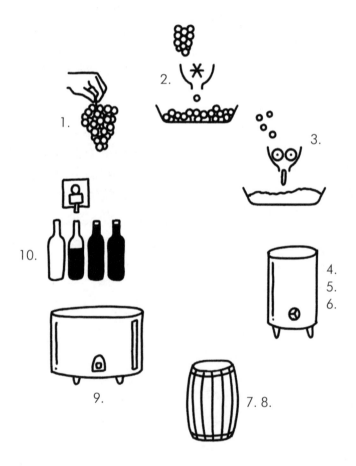

1. **採收 Vendanges：**
   手工或是機械採收。

2. **去梗 Éraflage：**
   選擇性手續。指去除葡萄梗使之與果串分離，只保留果粒。

3. **破皮 Foulage：**
   選擇性手續。即壓破果粒，使流出的葡萄汁與飽含色素（花青素）的果皮接觸。

4. **浸皮 Macération：**
   所有的葡萄都置入發酵槽裡，此果汁、果皮與葡萄籽混合一塊的物質，法文稱為Moût。也是在此階段，釀酒人可形塑該酒的風格，酒色也在此時萃取並穩定。

5. **換桶 Soutirage：**
   藉由換桶手續將固體與液體的葡萄汁分離，以停止酒色萃取，並只留下果汁。

6. **酒精發酵**
   Fermentation alcoolique：
   葡萄汁裡自然存在的野生酵母將藉由發酵，把糖份轉換成酒精以成為葡萄酒。

7. **乳酸發酵**
   Fermentation malolactique：
   指蘋果酸轉變成乳酸，酒中酸度降低而且口感變得更圓潤。釀造此類粉紅酒時，這並非必要程序。

8. **酒質培養 Élevage：**
   在裝瓶前，必須藉此讓酒質穩定，才能進行裝瓶。葡萄酒可在不同容器內進行培養（如橡木桶、不鏽鋼槽或是陶甕）。

9. **混調 Assemblage：**
   一款酒可以是不同品種或是不同地塊的酒混調而成。經過此混調不同酒液的過程，我們可得出某酒款。

10. **裝瓶 Embouteillage：**
    進行裝瓶手續後，葡萄酒便可上市銷售。

白葡萄酒的釀造

1.

2.

3.

4.

9.

8.

5. 6. 7.

1. **採收 Vendanges：**
   手工或是機械採收。

2. **去梗 Éraflage：**
   選擇性手續。指去除葡萄梗使之與果串分離，只保留果粒。

3. **直接搾汁 Pressurage direct：**
   採收之後，以氣墊式搾汁機直接壓榨葡萄。這首道鮮搾的果汁是釀造白葡萄酒追求的。

4. **靜置澄清 Débourbage：**
   藉由此手續，可將果汁與所有的固體物質分離（如果皮碎片、葡萄籽等等）。

5. **酒精發酵**
   Fermentation alcoolique：
   葡萄汁裡自然存在的野生酵母將藉由發酵，把糖份轉換成酒精以成為葡萄酒。

6. **乳酸發酵**
   Fermentation malolactique：
   指蘋果酸轉變成乳酸，酒中酸度降低而且口感變得更圓潤。在釀造白葡萄酒時，有些人選擇不進行乳酸發酵，所以抑制其發生。

7. **酒質培養 Élevage：**
   在裝瓶前，必須藉此讓酒質穩定，才能進行裝瓶。葡萄酒可在不同容器內進行培養（如橡木桶、不鏽鋼槽或是陶甕）。

8. **混調 Assemblage：**
   一款酒可以是不同品種或是不同地塊的酒混調而成。經過此混調不同酒液的過程，我們可得出某酒款。

9. **裝瓶 Embouteillage：**
   進行裝瓶手續後，葡萄酒便可上市銷售。

香檳的釀造

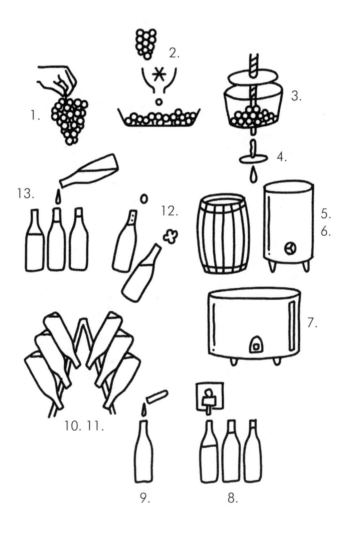

1. **採收 Vendanges：**
手工採收。

2. **去梗 Éraflage：**
選擇性手續。指去除葡萄梗使之與果串分離，只保留果粒。

3. **直接榨汁 Pressurage direct：**
採收後，以氣墊式榨汁機直接壓榨葡萄。這首道鮮榨的果汁是釀造香檳追求的。

4. **靜置澄清 Débourbage：**
藉由此手續，可將果汁與所有的固體物質分離（如果皮碎片、葡萄籽等等）。

5. **酒精發酵**
Fermentation alcoolique：
葡萄汁裡自然存在的野生酵母將藉由發酵，把糖份轉換成酒精以成為葡萄酒。

6. **乳酸發酵**
Fermentation malolactique：
指蘋果酸轉變成乳酸，酒中酸度降低而且口感變得更圓潤。在釀造香檳時，有些人選擇不進行乳酸發酵，所以抑制其發生。

7. **混調 Assemblage：**
一款酒可以不同品種或不同地塊的酒混調而成。經此過程可得出某酒款。

8. **裝瓶 Embouteillage：**
第一次酒精發酵後，酒液和「糖與酵母的混合液」一同裝瓶。

9. **起泡程序 Prise de mousse：**
酒液中添加的酵母與糖的混合液接著起作用，發生第二次瓶中發酵，產出酒精與二氧化碳（氣泡）。

10. **橫躺靜置 Mise sur latte：**
酒瓶橫躺靜置在酒窖內幾年時間，以進行瓶中培養。

11. **轉瓶 Remuage：**
藉由轉瓶手續，瓶中死酵母會集中在瓶頸處，形成沉澱堆積物。

12. **除渣 Dégorgement：**
沉澱的死酵母渣被瓶中壓力推出，完成除渣手續，只留酒在瓶中。

13. **添糖 Dosage：**
除渣之後，需回填以補足瓶中液面。酒農會填入葡萄酒與糖的混合液，在此階段，酒農可決定最終的香檳風格會是 Extra-brut、Brut 或 Doux。

各式釀酒容器

採收完畢後，葡萄接著會送到釀酒廠進行釀酒程序。它們會填入不同的容器裡（用以釀造或培養），容器的形狀與材質會對酒的最終風格產生影響。

蛋形水泥槽

平均容量：1,700 公升

用途：在白酒的釀造上，蛋形槽有愈用愈廣泛的趨勢。

優點：有助槽內顆粒（酵母或死酵母渣等）繼續懸浮流動。可為酒帶來更好的架構、複雜度與豐腴度。

可能的缺點：由於酵母渣等持續對酒液產生作用，雖會帶來豐腴度，但有可能使之過於肥軟。

酒的儲存潛力：5-10 年。

不鏽鋼槽

平均容量：10,000 公升

用途：這是酒農最常用的釀酒容器。

優點：性質中性的容器，容易清洗。可以讓所釀成的酒保有最多的果香。

可能的缺點：在此完全密閉的釀酒環境下，葡萄酒可能顯得封閉，甚至出現還原性氣味。

酒的儲存潛力：5 年以內。

水泥槽

平均容量：6,000 公升

用途：雖討論度不高，但其實常用在紅酒的釀造上。

優點：釀造時可以保持溫度不過高，有助保存果香。

可能的缺點：用久可能耗損產生細菌，破壞酒的風味。

酒的儲存潛力：5-10 年。

陶　甕

平均容量：1,300 公升

用途：致力於復興古式釀法的酒莊常用。

優點：葡萄酒有機會與空氣接觸，不會有外來的桶味。

可能的缺點：陶甕脆弱，使用起來不甚方便。

酒的儲存潛力：超過 10 年。

小型橡木桶

平均容量：225 公升

用途：釀酒上最經典且常用的桶型。

優點：葡萄酒有機會與空氣接觸，可增加儲存潛力。

可能的缺點：酒桶可能讓酒帶有香草、煙燻以及焦糖氣息。

酒的儲存潛力：超過 10 年。

大型橡木槽

平均容量：4,500 公升

用途：通常用以釀造高等級酒款。

優點：葡萄酒有機會與空氣接觸，可增進儲存潛力。

可能的缺點：價格昂貴。若維護欠佳可能滋生細菌，使酒帶有怪味。

酒的儲存潛力：超過 10 年。

一瓶還有一瓶大

你老是搞不清 Jéroboam 與 Réhoboam 瓶裝的不同處？其實除了拼法不同，就是內裝的公升數不同。這些大瓶裝的版本是在 19 世紀時由酒商們提倡發展的，尤其以香檳區較為常見。

四分之一瓶裝（Quart 或 Piccolo）
起源：理論上可裝 187.5ml 的酒。
高度：20 公分。
容量：200 ml。
可倒杯數：1.5 杯。
時機：自旅館的迷你冰箱取出一看，價格還真驚人。

半瓶裝（Demi-bouteille 或 Fillette）
起源：等於標準瓶 750ml 的一半容量。
高度：26 公分。
容量：375 ml。
可倒杯數：3 杯。
時機：半瓶裝正好拿來煮香檳義大利燉飯。

標準瓶（Bouteille 或 Champenoise）
起源：Bouteille 的字源來自古法語 Botele，意指容器。
高度：32 公分。
容量：750ml。
可倒杯數：6 杯。
時機：一邊閱讀本書時一邊喝最好囉。

雙瓶裝（Magnum）
起源：Magnum 在拉丁文是「大」的意思。
高度：38 公分。
容量：1.5 公升。
可倒杯數：12 杯。
時機：與親密伴侶共度浪漫夜晚的最佳瓶裝。

Jéroboam 瓶裝（Double Magnum）

起源：Jéroboam 是古時以色列北國的開國君主。

高度：50 公分。

容量：3 公升。

等於：4 支標準瓶。

可倒杯數：24 杯。

時機：與識味的愛酒人舉辦「一支會」。

Réhoboam 瓶裝

起源：Réhoboam 是所羅門王之子。

高度：56 公分。

容量：4.5 公升。

等於：6 支標準瓶。

可倒杯數：36 杯。

時機：爬山涉水健行時，帶瓶 Réhoboam 比帶很多瓶卻互撞碎瓶來得好。

Mathusalem 瓶裝

起源：Mathusalem 是以諾之子，長壽的代名詞，他活了 969 歲。

高度：60 公分。

容量：6 公升。

等於：8 支標準瓶。

可倒杯數：48 杯。

時機：用來在聖誕夜喝醉最好，這樣什麼禮物看來都很讚！

Salmanazar 瓶裝

起源：共有五代的亞述國國王曾以 Salmanazar 為名。

高度：67 公分。

容量：9 公升。

等於：12 支標準瓶。

可倒杯數：72 杯。

時機：生日晚宴飲用最佳，且不只一瓶！

Balthazar 瓶裝

起源：Balthazar 是《聖經》裡的東方三王之一，被認為代表非洲大陸。

高度：74 公分。

容量：12 公升。

等於：16 支標準瓶。

可倒杯數：96 杯。

時機：慶祝喬遷之喜最宜。

Nabuchodonosor 瓶裝

起源：Nabuchodonosor 是巴比倫帝國最偉大的國王（西元前 605-562年）。

高度：79 公分。

容量：15 公升。

等於：20 支標準瓶。

可倒杯數：120 杯。

時機：與法國黃背心戰友一同在圓環路口慶祝。

Melchior 瓶裝（Salomon 瓶裝）

起源：Melchior 是《聖經》裡的東方三王之一，被認為來自歐洲。

高度：86 公分。

容量：18 公升。

等於：24 支標準瓶。

可倒杯數：144 杯。

時機：法國在世界杯足球賽獲得冠軍！

Primat 瓶裝

起源：Primat 為晚期拉丁語，有至上等級或至上命令之意。

高度：102 公分。

容量：27 公升。

等於：36 支標準瓶。

可倒杯數：216 杯。

時機：你最好朋友的婚禮晚宴。

Melchisedec 瓶裝（Melchizédec 瓶裝）

起源：Melchisedec 被封為「仁義王」，為《舊約聖經》神秘人物，德性可比基督。

高度：110 公分。

容量：30 公升。

等於：40 支標準瓶。

可倒杯數：240 杯。

時機：酒農守護神「聖文森節」當日。

你知道嗎？

到目前為止，並沒有任何歷史學家可以告訴我們，為何以《聖經》人物替大瓶裝版本的葡萄酒或香檳取名。不過，還是有個比較詩意的版本可資解釋：耶穌誕生時，東方三王 Balthazar、Melchior、Gaspard 帶來極為豐富的獻禮，而大瓶裝的香檳又極為稀有與昂貴，因而才有此種比擬，所以人們替大瓶裝的酒各自取了不同的古波斯國王名號。

天然軟木塞

軟木橡樹

拉丁學名：*Quercus Suber*

科屬：山毛櫸科

樹木高度：可達 25 公尺

樹齡：約 200 年

特性：軟木輕巧且絕緣

軟木塞的度量

標準長度（法國）：4.9 公分

標準直徑（法國）：2.4 公分

相關要點

軟木塞主要生產國：葡萄牙與西班牙。全世界採收的七成軟木都用以製作軟木塞。

每顆軟木塞要價：€ 0.02-2。

相親相愛的軟木塞與葡萄酒

天然軟木塞與葡萄酒的羅曼史已持續幾個世紀而不墜：這是真愛！有人曾在土耳其的艾菲索斯古城（Éphèse）挖出一只西元前一世紀的陶甕，上頭有一截軟木塞封住，陶甕裡殘有葡萄酒痕跡。

然而，如同所有的愛情關係，葡萄酒與軟木塞也曾經歷過關係破裂的歷程。隨著羅馬帝國的滅亡，葡萄酒陶甕也遭到棄用，高盧人開始使用橡木桶，當時的飲酒習慣就是讓酒流自橡木桶，直接以酒杯或是酒壺盛裝。一直到 17 世紀，天然軟木塞才又重回葡萄酒真愛的懷抱。

當時的英國外交官迪比爵士（Sir Kenelm Digby）在玻璃瓶製造工業勃發之際，發明了現代的葡萄酒瓶，才使得軟木塞於英國重現江湖。天然軟木塞材質輕、富有彈性、柔軟、幾乎不透水，且可維持多年時間而不變質，因此是酒塞的完美選擇，甚至可讓葡萄酒在瓶中適當地熟成。

不同形式的軟木塞

天然軟木塞

原料取自天然軟木片,直接以特殊衝頭穿鑿成型即可。

天然軟木粉膠合塞

以軟木細粉黏合而成,並封黏表面皮孔層的天然軟木膠合塞。

天然軟木粒膠合塞

以軟木顆粒黏合而成,膠材為食品級。

氣泡酒軟木塞

酒塞主體屬於天然軟木粒膠合塞,與酒液接觸的一端黏有兩到三片的軟木薄片。因瓶中二氧化碳壓力的影響,塞子另一端會緩慢膨脹成香菇形狀。

軟木塞異味

　　軟木塞異味源自隱藏在軟木原料裡的 TCA（2,4,6-trichloro-anisole）分子，它會感染葡萄酒，造成令人不悅的霉味。如果你開瓶後發覺不幸遇上了，就只能將整瓶酒倒入洗手槽，因為一旦感染此怪味，無法可以挽回。

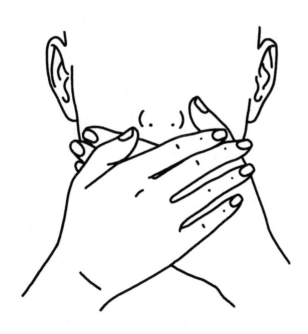

軟木塞的替代品

　　為避免裝瓶後的葡萄酒被軟木塞異味污染，有些酒農與相關業界開始提出其他解決方案，以下是其中幾種：

NDtech 軟木塞

　　每批的每一個天然軟木塞在經過特殊機器嚴謹篩測後，所有受到 TCA 分子感染的軟木塞都會挑出剔除。

Diam 軟木塞

　　以新科技排除軟木內含的所有揮發性物質，此類軟木塞於是可以避免軟木塞異味的感染。

合成酒塞

　　此類合成塞有不同的形式，有些結構質地摸起來近似真的軟木塞，有些以矽膠塑模成型，另些以泡沫塑膠射出成型。

玻璃酒塞

　　呈圓柱形，此類玻璃瓶塞還配有塑膠環片，除有助穩定酒塞不滑動，也可讓酒不至於外滲。

鋁製旋蓋

　　以鋁材製成的旋轉式瓶蓋，內附墊片（除舊式的 Saran film étain 墊片之外，新的 Saranex 墊片具有微透氣能力）。

軟木塞的回收利用

如果你通常只是將軟木塞直接丟棄，也沒有回收的習慣，這裡建議你幾個回收再利用的點子：

· 安裝在老鍋蓋上，製成防燙軟木塞把手。

· 在軟木塞上劃開切槽，當成照片放置架。

· 製成鑰匙圈。

· 製成鍋子隔熱墊。

· 當成水果保存劑，可以吸收濕氣以及趕走小果蠅。

· 事先將軟木塞浸泡在酒精裡，當成點火助燃劑。

· 製成防撞門擋或是防關門門卡。

軟木塞與環境保護

回收葡萄酒玻璃瓶已成所有人的習慣反射動作，但想到回收軟木塞的人卻很少！回收的軟木塞並不會用以重新製成酒瓶軟木塞，而是製成隔音片以及裝飾用品……。所以，下次記得回收軟木塞替環境保護盡一份心力，在法國有專門的回收據點，相關資訊請查詢 www.planeteliege.com。

自然酒

相對於有機農法，自然酒（Vin nature）並沒有相對應的法規可管。有些人將它視為具有遠見的葡萄酒，有些人則視之為幻夢一場。對純粹主義者而言，有機農法做得還不夠徹底，因此自然酒的釀造在部分酒農心中具有其必要性。不管是一時的潮流，或是對傳統釀酒的自省，自然酒的釀造的確在酒界激起相當大的漣漪。

其實自然酒的原則很簡單：常識與直覺。在此原則下，葡萄農不應在葡萄園裡使用化學製劑，甚至不應在釀酒時使用人工選育酵母。二氧化硫必須棄用，以保存葡萄酒的原始風味：它必須自然與活性！如果能夠良好地掌握所有程序，自然酒會呈現極為純粹的果香，通常也較具即飲性、可口且更易於消化。

相關訣竅

自然酒的保存

請將自然酒儲存於攝氏 14 度以下，以免發生二次瓶中酒精發酵的情況。

自然酒的飲用

可以考慮將它以醒酒器過瓶，讓任何的微量二氧化碳氣泡得以消散。

二氧化硫的作用

　　二氧化硫是葡萄酒界最常使用，也最常引起爭議的化學添加劑。它有抗氧化與抗菌的作用。若過度濫用，會使葡萄酒的某些香氣閉鎖不出，風味呈現標準化的現象。相反地，若避免使用二氧化硫，則葡萄酒會自然地處於不穩定狀態，部分菌種與酵母可能在其中繼續作用，最終讓酒變成醋。因此對酒農來說，如何釀好自然酒而不至於釀造失敗，可說是一門藝術。

釀酒人的小辭典

Acidification・加酸：在釀酒時加酸（可以是酒石酸、檸檬酸或是蘋果酸），以加強葡萄酒的均衡感與可消化性。

Anthocyanes・花青素：這是紅皮葡萄的色素來源，紅酒色澤也來自此。

Assemblage・混調：混調有兩種。第一種是將不同品種於一個槽內進行混調，以調製成一款酒（如波爾多是將梅洛、卡本內弗朗與卡本內蘇維濃混調）。另一種是將不同的酒液混調成一款酒（如將果香豐富但是單寧很重的酒，與酸度較高的酒液混調以達至更佳的均衡）。

Barrique・橡木桶：用以培養酒質的木桶。如此能讓桶中酒液與微量的空氣接觸，以增加葡萄酒的儲存潛力。橡木桶依據容量有不同的名稱，如 Fût、Foudre 等等。

Bâtonnage・攪桶：葡萄酒在橡木桶的培養過程中，藉由一棍棒攪動桶中的死酵母渣（以白酒較為常見），可帶給該酒更圓潤飽滿的口感。

Chai・釀酒窖：酒農接收剛採收的葡萄，並將它釀成葡萄酒的地方。

Chaptalisation・加糖：在酒精發酵的過程中添加糖，讓此糖份轉化為酒精，以增加該酒的酒精濃度。

Cuve・不鏽鋼槽：中性容器，可用於採收時儲放葡萄以及用於之後的酒精發酵。

Débourbage．**靜置澄清：**在酒精發酵之前，此程序有助於移除葡萄汁裡的粗粒懸浮物，否則之後形成的沉澱物可能為酒帶來不好的氣味。

Débourbage．**除渣：**釀造香檳的程序之一。在二次瓶中發酵後，藉由除渣來移除堆積在瓶頸處的沉澱物。

Dosage．**添補糖液：**在釀造氣泡酒的最後程序中添補糖液，以決定此酒風格屬於 Extra-brut、Brut、Sec、Demi-sec 或 doux。

Élevage．**酒質培養：**介於酒精發酵完成後到裝瓶之間的過渡階段。藉由培養，酒質將更趨穩定與細膩。在密閉的不鏽鋼槽中，培養期約幾個月；在橡木桶中，培養程序可達幾年之久。

Fermentation alcoolique．**酒精發酵：**將葡萄裡的糖份轉變成酒精與二氧化碳。藉由此程序，葡萄才能轉變成葡萄酒。

Fermentation malolactique．**乳酸發酵：**此程序將酒中的蘋果酸（非常酸）轉換成乳酸（酸度降低）。乳酸發酵不是必要過程，藉此也可決定該酒的風格。

Filtration．**過濾：**藉由過濾機以濾除酒中的酵母與部分菌種。酒液也因此變得澄清。

Levures．**酵母：**藉由酵母這類微生物來啟動酒精發酵，使葡萄汁得以變成酒。

Méthode traditionnelle．**傳統法：**即香檳法，藉此瓶中二次發酵程序，靜態酒因此可以產生氣泡。

Moût．**皮汁狀態：**意指葡萄在酒精發酵之前，呈現的皮肉以及果汁相混，或是各自存在的狀態。

Mutage・酒精強化：在葡萄酒進行酒精發酵的過程中，加入中性酒精以終止發酵程序，藉此可以保留葡萄中的天然糖份使其成為甜酒。

Ouillage・添桶：當葡萄酒在橡木桶中培養時，因為與微量空氣接觸而使部分酒液蒸發。此時可以將同樣的酒回填入桶中以補足液面。

Oxydation・氧化：氧化既是葡萄酒的朋友，卻也可能是敵人。如控制得宜，它可使酒質優化、風味更複雜，甚至能保存更久（參見頁164）。控制不當，酒質徹底氧化，就變成醋了。

Pigeage・踩皮：將漂浮在酒液上的葡萄皮用力下踩以促成更好的萃取，使葡萄酒獲得更多色澤與單寧。

Réduction・還原氣味：氧化的相反面就是還原。酒液缺少空氣接觸，會處於還原狀態而顯得封閉，果香會顯得像是燜燉過的水果。

Soutirage・換桶：即是將葡萄酒自一個容器中（如不鏽鋼槽）傾倒入另一個容器（如橡木桶）中。換桶可讓酒適當地與空氣接觸、移除沉澱酒渣、使酒更為澄清。

Sulfitage・添加二氧化硫：指在釀酒過程中的某一環節，添加二氧化硫。

還有好多葡萄酒知識等著我們學習呢！

la vigne
et
les cépages

葡萄樹與
葡萄品種

葡萄樹

　　你以為葡萄樹就跟其他植物一樣，並無二致？當然不是，在野生的狀態下，它是一種藤蔓植物。葡萄樹存在地球上的時間至少超過 6000 萬年，它被人類馴化種植用於食用的時間也有 6,000 年（雖然沒有倖存者可以親身證明這樣的說法）。可以確知的是，只有歐洲種葡萄樹（Vitis vinifera）用於釀造葡萄酒。歐洲種之下，又分為夏多內、黑皮諾與梅洛等等品種。

葡萄樹的四季生長循環

冬季

　　從 11 月到隔年 2 月，葡萄樹處於休眠狀態。葡萄莖內的汁液不再流動，以保護樹株不受寒害。

春季

　　3-4 月是葡萄樹發芽的季節。此時莖內汁液往上升，第一批芽苞開始出現。5-6 月則是開花的季節，開花之後，就待來日結果成為葡萄串。

夏季

　　7 月是結果的季節，葡萄花轉變成迷你果串，之後將可見到完整果粒開始顯現。8 月是葡萄果實轉色期，果實開始成熟且飽含糖份。

秋季

　　9-10 月是盛大的採收季節。葡萄採收後直接送到釀酒廠房。

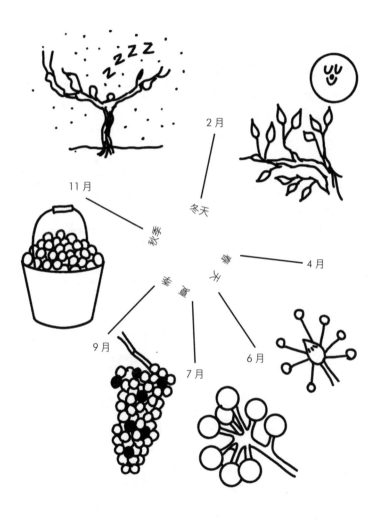

2月

11月

冬天

秋季

4月

春天

夏天

9月

7月

6月

葡萄樹成長的十個關鍵階段

冬眠

冬季時，葡萄樹處於休眠狀態。葡萄莖內的汁液不再流動，以保護樹株不受寒害。

剪枝

葡萄農趁葡萄樹處於休眠狀態，進行剪枝作業，之後的結果枝將生出芽苞。

葡萄樹之泣

剪枝後，天氣轉好轉暖，葡萄莖內汁液往上竄升，流出剪枝的傷口外。

發芽

第一批芽苞開始綻放於葡萄樹枝頭。

長葉

芽苞舒展，開始伸展出小葉片。

開花

於此階段，葉片開始生出小花串。

結果

於葡萄花串上，花朵開始逐步變成葡萄果實。

轉色

葡萄果實漸漸地從綠色轉變成最終的果色。

成熟

葡萄果粒成熟，且充滿糖份。

採收

葡萄於採收後，運送到釀酒廠房。

葡萄樹的病蟲害

霜霉病

起源：美洲

首次出現於法國年份：1879

好發期間：多雨季節

發病區域：葉片與果實

危害：產量下降

粉孢菌病

起源：美洲

首次出現於歐洲年份：1845

好發期間：多雨季節

發病區域：葉片與果實

危害：產量下降

艾斯卡真菌病

起源：古希臘時期

首次出現年份：所知最古老的葡萄樹疾病

好發期間：剪枝時節

發病區域：葡萄株本身

危害：葡萄樹死亡

小蟬黃葉病

起源：歐洲

首次出現：20 世紀初期

發病緣由：受到葡萄黃葉病小蟬感染

發病區域：葡萄葉

危害：葡萄樹死亡

葡萄根瘤芽蟲病

起源：美洲

首次出現於法國年份：1864

發病緣由：受到葡萄根瘤芽蟲感染

發病區域：葡萄樹根

危害：葡萄樹死亡

白 酒 品 種

L'AIRÉN

阿依倫

品種別名

Lairén, Manchega, Valdepeñera, Forcallat, Forcayat

本品種的起源可以追溯至 15 世紀的西班牙（馬德里附近區域）。阿依倫可以釀成各式白酒、混調入紅酒裡頭，或是蒸餾成「生命之水」烈酒。本品種在法國不太知名，卻是全球種植面積最廣的品種之一。以目前而言，僅有西班牙種植。

葡萄酒香氣表現

果香	花香	其他
西洋梨、綠蘋果、香蕉	白色花朵類	鮮割的青草、酒精、杏仁、松脂

白　酒　品　種

L'ALIGOTÉ

阿里哥蝶

品種別名

Giboulot blanc, Chaudenet gras, Griset blanc, Troyen blanc, Vert blanc

---

阿里哥蝶是個常常被忽視的品種，約在 18 世紀時首次出現在布根地。可釀成干白酒或是氣泡酒，後者是知名的基爾開胃調酒（Kir）的主要成分。主要種植於布根地，當地甚至為它設立特有的法定產區：布哲宏。在法國，布根地隔鄰的侏羅與薩瓦產區有種植。國際上喜愛此品種且有種植的國家，包括烏克蘭、保加利亞、羅馬尼亞以及俄羅斯，他們尤其愛用它來釀製氣泡酒。

葡萄酒香氣表現

果香	花香	其他
綠蘋果、黃檸檬、洋梨	白色花朵類	乾燥的牧草堆、榛果

白　酒　品　種

LE CHARDONNAY
夏多內

品種別名

Aubaine, Auvernat, Beaunois, Chaudenay, Gamay blanc, Petite-Sainte-Marie

---

夏多內源自布根地（尤其是馬貢區），用來釀造干白酒與氣泡酒。可以獨具一格，不需與其他品種混調。夏多內的名聲建立在釀自布根地的偉大白酒，被認為是全球最佳白酒之一。此外，名貴的「白中白」香檳也是釀自夏多內。由於品種名氣大，甚至連隆格多克也搶種想分一杯羹，然而，該產區多數的夏多內酒質其實顯得有些普通。甚至，其他國家也開始跟風，想馴化夏多內為己用，這些國家包括義大利、美國、阿根廷、智利、澳洲與南非。

葡萄酒香氣表現

果香	花香	其他
檸檬、蘋果、洋梨、白桃、杏桃	洋槐、椴花、忍冬、香草	蜂蜜、布里歐許麵包、奶油、粉筆、榛果、烤杏仁

白 酒 品 種

LE CHASSELAS
夏思拉

品種別名
Fendant, Dorin, Chasselas doré, Bon blanc, Gutedel

夏思拉主要是以餐桌上的食用葡萄知名，一般認為源自瑞士的雷蒙湖（Lac Léman）附近區域。用來釀造干白酒。夏思拉相當早熟（果實最早熟的品種之一），但風味顯得較為中性。法國阿爾薩斯的多品種混調酒艾德茲威可中常有夏思拉相混其中，薩瓦產區、羅亞爾河谷地的普依—羅亞爾（Pouilly-Sur-Loire）法定產區也見種植。瑞士多數白酒都以夏思拉釀造，本品種在德國也有小一部分追隨者。

葡萄酒香氣表現

果香	花香	其他
白桃、黃檸檬、綠蘋果	椴花、茉莉、山楂花	蜂蜜、榛果

白 酒 品 種

LE CHENIN
白梢楠

品種別名
Pineau d'Anjou, Pineau de la Loire, Steen

白梢楠首次出現在法國的時間應該是 9 世紀左右，主要是安茹產區附近。用來釀成干白酒、甜白酒以及氣泡酒。白梢楠是偉大的品種，故適合單一品種裝瓶。它的迷人之處在於在擁有稠潤口感的同時，還具有清鮮感。白梢楠是羅亞爾河谷地的招牌品種，種植於 Montlouis-Sur-Loire、梧雷、梭密爾、Touraine-Azay-le-Rideau 以及莎瓦涅等法定產區，不過隆格多克─胡西雍地區也見種植（如 AOC Limoux）。17 世紀時，荷蘭人（怎麼又是他們！）將它引入南非，自此成為南非種植最多的品種。由於白梢楠具有不錯的酸度，所以一些較為炎熱的國家或產區都選它為釀酒品種，因而像是美國（以加州為主）、阿根廷或是澳洲都能見到它的芳蹤。

葡萄酒香氣表現

果香	花香	其他
檸檬、蘋果、洋梨、桃子、榅桲、鳳梨	洋甘菊、茉莉、洋槐、綠茶	蜂蜜、杏仁甜餡

白 酒 品 種

LE GEWURZTRAMINER

格烏茲塔明那

品種別名

Traminer rose aromatique, Savagnin rose aromatique, Rotklevner, Rosentraminer

講到格烏茲塔明那，怎能不提阿爾薩斯呢？不過其實本品種源自瑞士德語區的阿爾卑斯山區。極為芬芳的格烏茲塔明那用來釀造干白酒與甜白酒。有鑑於其香氣奔放四溢，因而必須種植在比較涼爽的地方，以讓酒中仍能保有一些清爽感以及易消化性。格烏茲塔明那主要種植在法國，且集中在阿爾薩斯。歐洲的其他種植國家主要是德國與奧地利，義大利也少許地種植一些。近年來，新世界國家也開始耕植，如美國（主要是加州）、澳洲以及紐西蘭。

葡萄酒香氣表現

果香	花香	其他
荔枝、百香果、鳳梨、芒果	玫瑰	蜂蜜、焦糖、香料蜂蜜麵包、肉桂

白　酒　品　種

LA MARSANNE

馬　姍

品種別名

Ermitage, Roussette de Saint-Péray, Abondance

馬姍源自德隆省的蒙地利馬附近，用來釀造干白酒以及氣泡酒。它是北隆河的重要品種，可混入艾米達吉、克羅茲—艾米達吉、聖佩雷以及聖喬瑟夫這幾個知名法定產區的酒裡。特殊的是，若是將以上幾個法定產區釀成紅酒（聖佩雷除外），則也可以添入一定比例的馬姍。法國的隆格多克—胡西雍地區也有種植，馬姍目前也成為瑞士、美國以及澳洲的選種品種。

葡萄酒香氣表現

果香	花香	其他
煮過的蘋果、 楜桴、白桃	洋槐、 紫羅蘭	蜂蠟、 榛果、杏仁

白　酒　品　種

LE RIESLING

麗絲玲

品種別名
Gentil aromatique, Gewürztraube, Petit Rhin

麗絲玲是阿爾薩斯產區最知名的品種，不過歷史上而言，整個萊茵河谷地可說都是其原生地。用來釀造干白酒、甜白酒以及阿爾薩斯氣泡酒。它對風土條件極為敏感，可以適應相當多樣的土壤。麗絲玲偏愛半大陸型氣候，雖可以忍受酷寒的冬天，但不耐過於炎熱或是多雨的天氣。德國的種植面積最廣，不過中歐的奧地利、匈牙利以及羅馬尼亞也見種植，義大利有少許面積。歐洲以外，澳洲、美國與紐西蘭也種得不少。

葡萄酒香氣表現

果香	花香	其他
綠檸檬、蘋果、柚子、芒果、芭樂	茉莉、忍冬、香草	蜂蠟、汽油、薑

白　酒　品　種

LE SAUVIGNON

白蘇維濃

品種別名

Blanc fume, Fumé blanc, Sauternes

白蘇維濃是羅亞爾河谷地松塞爾產區的經典品種，應該源自波爾多的格拉夫產區。可釀成干白酒與甜白酒。它在冷涼產區適應得極好（海洋型氣候與大陸型氣候），為法國種植面積第三大的品種。白蘇維濃在波爾多相當常見，尤其在其南部以及法國西南部地區——如索甸——常常混調釀成甜白酒。在羅亞爾河谷地的松塞爾、普依一芙美或是蒙內都一沙隆法定產區，本品種單獨釀造與裝瓶。在新世界國家與產區，白蘇維濃近年廣受歡迎，在澳洲、美國加州、南非、智利以及紐西蘭都有種植。

葡萄酒香氣表現

果香	花香	其他
檸檬、葡萄柚、 桃子、洋梨、鳳梨	黑醋栗嫩芽、 茉莉、鼠尾草、 剛割下的青草味	新鮮麵包、 粉筆、 打火石、煙燻調

白　酒　品　種

LE SAVAGNIN

莎瓦涅

品種別名

Traminer, Fromentin, Heida, Païens

一般消費大眾對莎瓦涅並不熟悉，它來自 Traminers 品種家族。知名的阿爾薩斯品種格烏茲塔明那其實是其表親。莎瓦涅應該起源自義大利的阿爾卑斯山區。它喜愛生長在泥灰岩（富含黏土的石灰岩土壤）土質上，這也是它能夠良好地適應侏羅產區葡萄園的原因。莎瓦涅用來釀造黃葡萄酒以及相關的著名法定產區夏隆堡。除法國外，瑞士是種植最多的國家。澳洲也有少量種植，但極少在市面上看到莎瓦涅葡萄酒。

葡萄酒香氣表現

果香	花香	其他
蘋果、桃子	林下腐植土或濕土壤氣息、樹皮	咖哩、核桃、氧化類氣息

白 酒 品 種

LE SÉMILLON
榭密雍

品種別名
Sauternes, Chevrier, Greengrape

第一批的榭密雍應該源自於波爾多的索甸產區，用來釀造干白酒、甜白酒以及氣泡酒。榭密雍曾經是世界上種植最多的幾個品種之一，今日，它主要種植在幾個擅長釀造甜白酒的產區，如索甸、巴薩克與蒙巴季亞克。用它來釀造干白酒的法定產區則有兩海之間、貝沙克—雷奧良，甚至是普羅旺斯丘（Côtes-de-Provence）。它曾在阿根廷、智利與南非大受歡迎而有不少種植面積，現在新世界國家裡種植最多的反而是澳洲。

葡萄酒香氣表現

果香	花香	其他
桃子、杏桃、檸檬	洋槐、洋甘菊、忍冬、香草	蜂蜜、薑

白　酒　品　種

L'UGNI BLANC

白于尼

品種別名

Trebbiano, Malvoisie, Muscadet, Rossola bianca, Roussan, Saint-émilion, Verdicchio

白于尼約在西元 1 世紀首次記載於史料，據研究，應該發源於義大利的坎帕尼亞大區（Campania）。用來釀造干白酒以及用來蒸餾成「生命之水」烈酒。雖然一般大眾對白于尼並不熟悉，但它可是法國種植最多的品種之一，香氣相當中性，是干邑以及雅馬邑（Armagnac）的重要品種組成之一。不過，普羅旺斯、隆格多克一胡西雍地區以及西南法地區也都有種植。法國以外，義大利的種植面積也不小，阿根廷與保加利亞則有小規模種植。

葡萄酒香氣表現

果香	花香	其他
黃檸檬、香蕉、楹桲	紫羅蘭、天竺葵	松脂

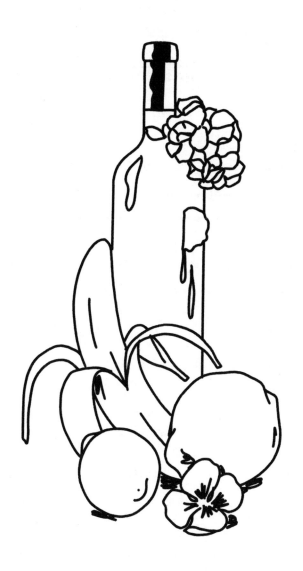

白　酒　品　種

LE VERMENTINO
維門替諾

品種別名
Rolle, Vermentinu, Malvoisie, Favorita, Pigato, Garbesso

維門替諾為地中海盆地品種，發源於葡萄牙馬德拉島（Madeira）、西班牙與義大利之間的區域。用來釀造干白酒、氣泡酒，甚至混入粉紅酒裡。維門替諾喜愛乾燥且炎熱的氣候，可以釀成單一品種酒，或是與其他品種混調裝瓶。以法國而言，科西嘉是維門替諾的大本營，普羅旺斯也有，隆格多克─胡西雍地區則有少量種植。此外，它是義大利及其薩丁尼亞島最主要的白酒品種。

葡萄酒香氣表現

果香	花香	其他
綠蘋果、洋梨、葡萄柚	洋甘菊、洋香芹、薄荷	灌木林、杏仁、松樹

白 酒 品 種

LE VIOGNIER

維歐尼耶

品種別名
Viogné, Vionnier

維歐尼耶的原生地我們還無法確認，但猜想應來自阿爾卑斯山區。主要釀成干白酒，不過也可以混調入某些紅酒裡，像是非常知名的法定產區羅第丘裡頭，就允許最多可混入 20% 的維歐尼耶。在法國的北隆河，本品種可在恭得里奧與格里耶堡兩法定產區展現絕佳酒質，目前在隆格多克—胡西雍地區的種植面積也愈來愈廣。愛種維歐尼耶的歐洲國家有西班牙、義大利與瑞士，它也在新世界的美國、澳洲與智利逐漸受到歡迎。

葡萄酒香氣表現

果香	花香	其他
桃子、 杏桃、芒果	忍冬、 八角、玫瑰花	香料、 杏仁、焦糖

紅　酒　品　種

L'ABOURIOU

阿布麗由

品種別名

Noir hâtif, Gamay-beaujolais, Précoce naugé, Pressac de Bourgogne

阿布麗由源自洛特—加隆省（Lot-et-Garonne），據信是在 19 世紀時首次出現在 Villeréal 酒村。本品種早熟，且對不少病蟲害都具有不錯的抵抗力，難怪愈來愈受到歡迎。用來釀造紅酒以及粉紅酒。阿布麗由是馬蒙岱丘（Côtes-du-Marmandais）的明星品種，也常與卡本內蘇維濃、梅洛甚至是希哈混調成紅酒裝瓶。在法國的羅亞爾河谷地也見種植。

葡萄酒香氣表現

果香	**花香**	**其他**
覆盆子、紅醋栗、黑醋栗	馬鬱蘭、牡丹花	可可

紅　酒　品　種

LE CABERNET FRANC

卡本內弗朗

品種別名

Bouchet, Breton, Plant breton, Carmenet, Noir dur

卡本內弗朗約在西元 1 世紀時出現在法國西南部的巴斯克地區（Pays basque），可說是最接近野生樣態的葡萄品種。它與卡本內蘇維濃有親緣關係，用來釀造紅酒與粉紅酒。在羅亞爾河谷地的幾個法定產區（如梭密爾—香比尼、希濃、布戈憶）以單一品種酒裝瓶。在利布內區的聖愛美濃與玻美侯兩法定產區，它成為品種混調的角色之一。同樣地，臨近的西南部產區，如貝傑哈克、都哈斯丘（Côtes-de-Duras）與馬第宏，它也是用於混調的品種之一。法國境外，它種植於義大利、美國、匈牙利、智利以及南非。

葡萄酒香氣表現

果香	花香	其他
甜椒、草莓、李乾	黑胡椒、甘草	可可、皮革、菸草

紅　酒　品　種

LE CABERNET SAUVIGNON
卡本內蘇維濃

品種別名
Bouchet sauvignon, Carbonet, Vidure, Petite vidure

卡本內蘇維濃其實是卡本內弗朗與白蘇維濃的雜交品種。對本品種的記載始於 17 世紀的波爾多。釀造成紅酒。法國波爾多的左岸產區是卡本內蘇維濃的大本營（梅多克、貝沙克—雷奧良法定產區等等），不過在西南部產區、隆格多克—胡西雍地區以及普羅旺斯也有種植。法國以外，義大利、西班牙、美國、南非、智利、澳洲與阿根廷都種植得相當普遍。

葡萄酒香氣表現

果香	花香	其他
覆盆子、桑椹、甜椒	尤加利、薄荷、紫羅蘭	香草、咖啡、皮革

紅 酒 品 種

LE CARIGNAN

卡利濃

品種別名

Bois-de-fer, Bois dur, Catalan, Cariñena, Carignano, Carignane, Mazuelo

卡利濃源自西班牙的同名小鎮 Cariñena，距離薩拉戈薩市（Zaragoza）不遠，最早於西元 12 世紀時出現。可釀成紅酒以及粉紅酒。由於卡利濃非常耐旱，所以在法國境內的隆格多克一胡西雍地區、隆河谷地以及普羅旺斯都有大面積種植。西班牙之外，義大利、摩洛哥以及美國也都跟進廣泛種植。

葡萄酒香氣表現

果香	花香	其他
桑椹、李乾、香蕉	灌木林、迷迭香、月桂葉	烤麵包、皮革、杏仁

紅 酒 品 種

LE CINSAULT

仙　梭

品種別名

Cinsaut, Oeillade, Madiran, Hermitage, Ottavinello

仙梭出現在 18 世紀時的普羅旺斯。可釀成紅酒與粉紅酒。在法國，除原生地的普羅旺斯之外，也種植在隆格多克—胡西雍地區以及隆河谷地。此外，在黎巴嫩、阿爾及利亞、摩洛哥也見種植。以新世界產區而言，仙梭與黑皮諾的交配種稱為 Pinotage，是南非大受歡迎的品種。

葡萄酒香氣表現

果香	花香	其他
草莓、覆盆子、紅醋栗	玫瑰花、椴花	杏仁、榛果

紅　酒　品　種

LE CÔT

鉤　特

品種別名

Malbec, Auxerrois, Plant de Cahors, Plant du Lot, Pied de perdrix,
Pressac, Queue rouge, Vespero

鉤特源自法國西南部，目前多數人以馬爾貝克（Malbec）這個別名稱
呼它。可釀成紅酒與粉紅酒。鉤特以其超強的久儲潛力而為人稱道，
它也是卡歐產區的主要葡萄品種，波爾多地區與羅亞爾河谷地有少量
種植。19 世紀以來，阿根廷大量種植馬爾貝克，也以好酒質聞名於
世。還有不少國家在各自產區種植了不少的馬爾貝克（或鉤特），如
美國、澳洲與紐西蘭。

葡萄酒香氣表現

果香	花香	其他
李乾、黑櫻桃、藍莓	鼠尾草、雪松	皮革、菸草、肉桂

紅 酒 品 種

LE GAMAY

加 美

品種別名

Gamay Beaujolais, Bourguignon, Petit bourguignon, Plant lyonnais, Plant robert

加美首次出現於法國，是在 14 世紀時的布根地。加美以葡萄早熟且產量較大知名，也因葡萄酒香氣怡人而受大眾歡迎，且儲存潛力也不錯。用來釀造與混調出各種紅酒、粉紅酒以及氣泡酒。薄酒來產區以加美為明星品種，法國的羅亞爾河谷地、布根地、西南產區以及中部的歐維涅區也種植不少。瑞士人非常喜愛加美，使它成為該國種植第二多的紅酒品種。歐洲之外的國家，像是美國、澳洲也都開始種植加美。

葡萄酒香氣表現

果香	花香	其他
紅醋栗、覆盆子、櫻桃	紫羅蘭、胡椒、牡丹花	可可、粉筆

紅　酒　品　種

LE GROLLEAU

勾　洛

品種別名

Pineau de Saumur, Groslot, Gamay groslot, Moinard, Bourdalès

一般飲酒大眾聽過勾洛的非常少，它首次於 1810 年出現在羅亞爾河谷地的都漢區。它以葡萄早熟而知名，通常與其他品種混調以釀成紅酒、粉紅酒與氣泡酒（尤其是自然派氣泡酒）。本品種只種在法國的羅亞爾河谷地，Touraine azay-le-Rideau、Rosé d'Anjou 或是羅亞爾氣泡酒這幾個產區的酒裡都可能有勾洛混調其中。

葡萄酒香氣表現

果香	花香	其他
紅醋栗、覆盆子、草莓	牡丹花、紫羅蘭	土壤氣息、菸草

紅　酒　品　種

LE MERLOT
梅　洛

品種別名
Merlau, Vitraille, Plant du médoc

梅洛是非常受歡迎的品種，被認為是在 18 世紀時出現在吉隆特省的利布內區。可釀成單一品種酒裝瓶，或是與其他品種混調後裝瓶。梅洛喜愛石灰岩土壤，釀自此種土質的梅洛大多極為可口，也難怪我們可在聖愛美濃與玻美侯兩產區找到其蹤跡！在大多數的語言裡，梅洛的發音都相當容易，它也是全球種植最多的品種。喜愛梅洛並加以種植的國家有義大利、西班牙、美國、澳洲、南非與阿根廷。

葡萄酒香氣表現

果香	花香	其他
黑醋栗、黑莓、櫻桃	紫羅蘭、八角、忍冬	皮革、巧克力、香草

紅 酒 品 種

LE MONTEPULCIANO
蒙鐵布奇亞諾

品種別名

Cordisco, Primaticcio, Uva abruzzese

蒙鐵布奇亞諾是義大利葡萄園風景裡不可或缺的品種，據信是在 18 世紀時出現在阿布魯佐大區（Abruzzes）。可釀成紅酒與粉紅酒。蒙鐵布奇亞諾甚至擁有自己專屬的法定產區命名：DOC Montepulciano d'Abruzzo。不過，請小心不要與 Vino Nobile di Montepulciano 法定產區搞混了，因為後者的釀造品種其實是山吉歐維榭（Sangiovese）。

葡萄酒香氣表現

果香	花香	其他
草莓、 黑橄欖、櫻桃	紫羅蘭、 灌木林、馬鬱蘭	可可、 咖啡、皮革

紅　酒　品　種

LE MOURVÈDRE

慕維得爾

品種別名

Mataro, Monastrell, Rossola nera, Alicante, Négrette, Balzac, Catalan, Espagnan, Espar

慕維得爾的品種歷史可以追溯至西元 5 世紀前的西班牙，可用來釀成紅酒與粉紅酒。本品種特別適合種植於地中海型氣候區，在法國的普羅旺斯、隆格多克—胡西雍地區，甚至是隆河谷地都有耕植。喜愛慕維得爾並加以種植的國家還有美國、澳洲、南非，以及其原生地西班牙（理所當然不過）。

葡萄酒香氣表現

果香	花香	其他
草莓、黑橄欖、黑莓	灌木叢、鼠尾草	巧克力、咖啡、菸草

紅　酒　品　種

LE NEBBIOLO

內比歐露

品種別名
Chiavennasca, Nebbieul, Spanna

一般認為內比歐露葡萄約在西元 1 世紀時，首度出現於義大利的皮蒙區（Piémont）。只用於釀成紅葡萄酒。內比歐露是舉世聞名的巴羅鏤（Barolo）產區的唯一明星品種，所產紅酒廣受喜愛，具有細緻與優雅感，也因此常常會有人將它與黑皮諾相提並論。奇特的是，國際上的產酒國種植內比歐露的並不多，墨西哥與澳洲有規模不大的種植面積。

葡萄酒香氣表現

果香	花香	其他
櫻桃、 草莓、覆盆子	枯凋玫瑰、 綜合乾燥花、薄荷	黏土、 皮革、菸草

紅　酒　品　種

LA NÉGRETTE

聶格列特

品種別名

Ragoûtant, Petit noir, Négret, Chalosse noir, Morillon

據研究，聶格列特應是在西元 12 世紀左右首次出現在法國西南部產區，其葡萄酒風味多果香、口感柔美，用來釀造紅酒以及粉紅酒。今日土魯斯城附的風東（Fronton）法定產區附近種有許多的聶格列特。此外，法國旺代省也見種植，美國則有小規模面積。

葡萄酒香氣表現

果香	花香	其他
覆盆子、紅醋栗、桑椹	黑胡椒、甘草、馬鬱蘭	可可、咖啡、皮革

紅　酒　品　種

LE NERELLO MASCALESE
內雷洛馬斯卡磊榭

品種別名
Nireddu, Niureddu mascalisi

自中世紀起，內雷洛馬斯卡磊榭就種植在義大利西西里島的陶爾米納村（Taormina）附近。也因此，本品種可說是西西里島最具代表性的品種，尤以埃特納（Etna）法定產區的風土最適合其生長。內雷洛馬斯卡磊榭是本島的原生品種，並未有其他地區或國家種植。

葡萄酒香氣表現

果香	花香	其他
覆盆子、櫻桃	灌木林、紫羅蘭、薰衣草	鐵味、巴薩米可酒醋、林下枯葉濕土

紅　酒　品　種

LE PINOT MEUNIER
皮諾莫尼耶

品種別名

Plant meunier, Gris meunier, Meunier, Farineux, Auvernat noir, Müllerrabe, Schwarzriesling

關於皮諾莫尼耶，我們仍無法完全斷定它首次出現的時間與地點，但可以確定的是，它與黑皮諾有親緣關係。通常與其他品種混調，用以釀造紅酒、粉紅酒以及氣泡酒。在法國香檳產區，它是三個主要的釀造品種之一，不過羅亞爾河谷地也見種植。其他種植面積也頗具規模的國家，有德國、紐西蘭、澳洲與美國。

葡萄酒香氣表現

果香	花香	其他
檸檬、櫻桃、草莓	忍冬、椴花、香草	榛果、杏仁

紅　酒　品　種

LE PINOT NOIR

黑皮諾

品種別名

Noirien, Blauburgunder, Spätburgunder

黑皮諾葡萄酒咸認是優雅與細緻的極致，它與相關的特級葡萄園都被認為源自布根地。似乎在羅馬人入侵高盧之前，黑皮諾早已存在於此地。它能釀成優質紅酒、粉紅酒以及氣泡酒。在法國，除了種在布根地金丘與香檳區，目前在阿爾薩斯的種植面積也與日俱增（拜溫室效應之賜）。法國之外，種植面積具有規模的國家包括德國、瑞士、紐西蘭、澳洲與美國。

葡萄酒香氣表現

果香	花香	其他
櫻桃、覆盆子、蔓越梅	玫瑰、綜合乾燥花、紫羅蘭	蕈菇、可可、香草

紅　酒　品　種

LE SANGIOVESE

山吉歐維榭

品種別名

Niellucciu, Nielluccio, Brunello, Montepulciano, Mrellino, Prugnolo gentile, Tuccanese, Uva abruzz

這是義大利這個地中海國家最經典，同時也是該國種植最多的品種。山吉歐維榭源自托斯卡尼地區，在羅馬帝國之前就已經存在。用來釀成紅酒、粉紅酒以及氣泡酒。在法國，它種植在科西嘉島上，當地稱為 Niellucciu。山吉歐維榭的整體風味細緻甘美，羅馬尼亞、阿根廷以及美國都有種植。

葡萄酒香氣表現

果香	花香	其他
櫻桃、風乾番茄、草莓	凋枯玫瑰、綜合乾燥花、百里香	菸草、巴薩米可酒醋、黏土

紅　酒　品　種

LE SCIACCARELLU

西亞卡列羅

品種別名
Sciaccarello, Mammolo nero, Broumest

我們雖然無法確知西亞卡列羅首次出現的時間，但可以確定的是它源自托斯卡尼。可釀成紅酒與粉紅酒。在義大利稱為 Mammolo nero，不過反而最適合生長的地方是法國的科西嘉島：只消觀察島上的景觀與風土，就可知道為何科西嘉是西亞卡列羅的最愛。

葡萄酒香氣表現

果香	花香	其他
紅醋栗、蔓越莓、草莓	紫羅蘭、灌木林、百里香	杏仁、皮革、菸草

紅 酒 品 種

LA SYRAH

希 哈

品種別名

Shiraz, Serine, Candive, Damas noir, Marsanne noire, Neretta, Neretto

---

據研究，希哈源自目前北隆河的瓦倫斯城（Valence）附近，且在高盧—羅馬人時期就已存在，它也是全球種植最多的品種之一。用來釀造單一品種紅酒，或是和其他品種混調後裝瓶。在法國，除隆河之外，也種在普羅旺斯與隆格多克—胡西雍地區。在法國之外的國家，多以 Shiraz 稱之，在美國、澳洲、阿根廷、南非與義大利都非常受到歡迎。

葡萄酒香氣表現

果香	花香	其他
黑莓、藍莓、黑醋栗	胡椒、紫羅蘭、甘草	皮革、菸草、可可

紅　酒　品　種

LE TEMPRANILLO
田帕尼優

品種別名

Aragonez, Cencibel, Tinta roriz, Tinto fino, Tinto del pais, Tinto del toro, Tempranilla, Valdapeñas

田帕尼優源自西班牙的艾布羅河（Ebro）谷地，自 13 世紀起便已載入史冊，它也是伊比利半島種植第二多的葡萄品種。田帕尼優的果實相對早熟，用以釀成紅酒與粉紅酒。它是西班牙利奧哈（Rioja）以及斗羅河岸（Ribera del Duero）兩個產區的明星品種。法國的隆格多克—胡西雍地區也有小面積種植，不過多數酒質顯得普通。此外，它還種植在葡萄牙、美國以及阿根廷。

葡萄酒香氣表現

果香	花香	其他
櫻桃、 黑莓、黑醋栗	凋枯玫瑰花、 灌木林、百里香	可可、 煙草與香草

紅　酒　品　種

LE TROUSSEAU
土　梭

品種別名
Troussé, Gros cabernet, Figou, Bastardo, Maturana tinta

據研究，土梭應該源自於法國西南部產區，首次出現時間約在 18 世紀只用於釀成紅酒。在法國，脫離了原生產區西南部的土梭反而在侏羅區適應良好。法國國境之外，它已成為葡萄牙相當知名的品種，澳洲、阿根廷以及美國也正實驗性地種植土梭。

葡萄酒香氣表現

果香	花香	其他
覆盆子、紅醋栗、黑醋栗	凋枯玫瑰花、林下濕葉蕈菇	香料、巧克力、黏土

葡萄農的小辭典

Autochtone・**原生品種**：土生土長，並栽種於原生產區的葡萄品種。

Arrachage・**汰拔葡萄株**：挖除過老、染病或是已經死去的葡萄株。

Botrytis cinerea・**貴腐黴**：在潮濕天候下產生於葡萄上的真菌，有助於釀造優質甜酒。學名 *Botrytis cinerea*，一般以貴腐黴稱之。

Cépage・**葡萄品種**：各葡萄樹各有品種名，如白梢楠。

Complantation・**混種**：在一特定的地塊上，混合種植不同品種的葡萄樹。

Clos・**克羅園**：以圍牆或是道路界定出一特定地塊的葡萄園。

Cru・**葡萄園分級**：一塊劃定清楚且依照風土潛質分級的特定葡萄園，如一級園（1er Cru）、特級園（Grand Cru）等。

Densité de plantation・**種植密度**：意指每公頃葡萄園內所種植的葡萄株數量。

Guyot・**居由剪枝法**：以「居由式」手法進行葡萄樹的剪枝作業。

Labourer・**翻土**：在葡萄園的各行之間進行翻土作業，可翻除雜草、讓土壤透氣，並使雨水能夠更容易地透入土壤中。

Millésime・**年份**：某款酒的葡萄原料採收年度。

Palissage・綁枝：將葡萄枝綁縛在籬笆式整枝系統的鐵絲上，可增進果實品質以及產量。

Pruine・果粉：覆蓋在葡萄果粒上的粉狀物質，裡頭含有天然野生酵母，可促使發酵進行，並將糖份轉化為酒精。

Rafle・葡萄梗：將一串葡萄的果實摘下後所剩的就是葡萄梗。

Raisin de cuve・釀酒用葡萄：主要用途是拿來釀酒的葡萄品種。

Raisin de table・餐用葡萄：基本上只拿來直接鮮食的葡萄品種。

Rognage・修整：葡萄樹是藤蔓植物，必須進行適度修整使葡萄枝修短，以維持適度的枝、葉比例平衡。

Rendement・產量：每公頃採收的葡萄產量。

Stress hydrique・植物缺水：園中土壤缺水時，葡萄樹受到缺水壓力所產生的反應。

Taillage・剪枝：葡萄樹是藤蔓植物，必須剪短才能結出較多的果實，而不只是光長枝幹。

Tri・汰選果粒：當葡萄採收入廠時，以手工挑選以汰除損傷腐爛的葡萄或是其他雜物（蜘蛛、蝸牛等等）。

Vendange・採收：秋季採收成熟的葡萄，接著運到釀酒廠。

Vendange en vert・綠色採收：當我們預期當年產量可能過大，便會以手工摘除部分仍青生不熟的葡萄串，以降低每公頃產量。

les vignobles
du monde

其他重要
產酒國

德　國

　　一般而言，德國氣候涼爽冬季嚴寒，所以主要的葡萄園位於該國南部。也因此，德國葡萄酒與法國阿爾薩斯的酒存在某些共通處。幾乎所有酒款都在酒標上標示品種名稱，麗絲玲品種在德國稱王。

　　葡萄酒風格：主要以優質白酒為主，且通常會特意留些殘糖在酒裡。不過因為具有絕佳酸度，所以飲來容易消化不厚重。

　　葡萄酒特點：因為多數的酒都能在甜味與酸味之間取得相當好的平衡，所以儲存潛力大大增加。

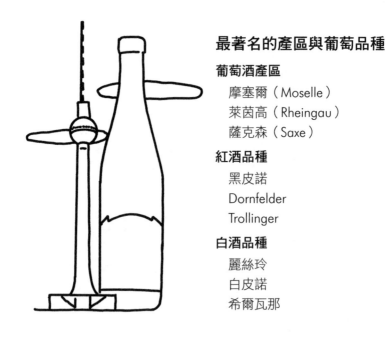

最著名的產區與葡萄品種

葡萄酒產區
　　摩塞爾（Moselle）
　　萊茵高（Rheingau）
　　薩克森（Saxe）

紅酒品種
　　黑皮諾
　　Dornfelder
　　Trollinger

白酒品種
　　麗絲玲
　　白皮諾
　　希爾瓦那

西班牙

　　西班牙的釀酒史與法國相仿，位居全球葡萄酒產量最大的國家之一，且不僅生產紅酒、氣泡酒，甚至也有氧化類型的葡萄酒（比如雪莉酒），類型眾多以滿足各種味蕾。

　　葡萄酒風格：長期以來，西班牙的葡萄酒被歸類為強勁、高酒精度的類型，但隨著新一代酒農出現，西班牙已經不乏質地細緻、風味清鮮的葡萄酒了。

　　葡萄酒特點：我們仍能在西班牙找到酒質優秀、而且酒價仍在一般人可以負擔範圍的葡萄酒。

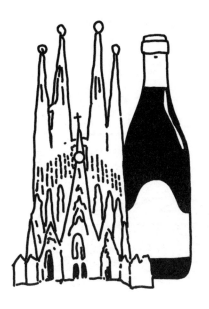

最著名的產區與葡萄品種

葡萄酒產區
普里奧拉（Priorat）
利奧哈（Rioja）
斗羅河岸

紅酒品種
田帕尼優
格那希
慕維得爾

白酒品種
阿依倫
Pedro ximénez
維黛荷（Verdejo）

希 臘

　　希臘是全世界最古老的葡萄酒生產國之一。在古希臘與中世紀時，希臘的葡萄酒享有極大的名氣。在獨立戰爭之後，希臘的葡萄酒產業一度蕭條，不過近年來受惠於原生品種以及島嶼葡萄酒的特殊風味之助，已再度開始受到飲家關注。

　　葡萄酒風格：紅葡萄酒具有飽滿的陽光滋味，白酒顯得干性不甜，常帶香料味。

　　葡萄酒特點：希臘擁有眾多島嶼，各自提供不同風土特色與葡萄酒。

最著名的產區與葡萄品種

葡萄酒產區

伯羅奔尼撒（Péloponnèse）
聖托里尼（Santorin）
克里特島（Crète）

紅酒品種

Xinomavro
Mavrodaphni
阿鳩基提可（Agiorgitiko）

白酒品種

阿希提可（Assyrtiko）
蜜思嘉
Savatiano

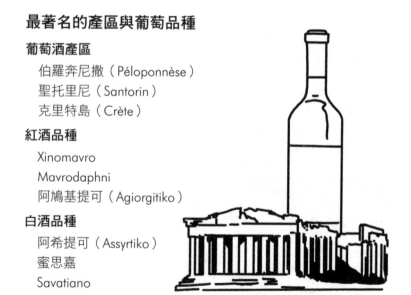

義大利

整個義大利靴子國就是葡萄酒的最佳代表。別忘了，過去兩千年來，若不是羅馬帝國的影響，葡萄酒文化也無法傳布整個歐洲。所以義大利是全球葡萄酒的生產大國之一，自是理所當然。

葡萄酒風格：地中海靴子國風景非常美麗，它所產的葡萄酒也是如此，有些酒款的細緻優雅程度甚至可以和布根地紅酒相比擬。

葡萄酒特點：不管你身在義大利當地的小酒館或是高級餐廳，餐桌上的杯具總是顯得無懈可擊，更可顯現葡萄酒的迷人優點。

最著名的產區與葡萄品種

葡萄酒產區
　　皮蒙區
　　唯內多
　　西西里島

紅酒品種
　　內比歐露
　　山吉歐維榭
　　Nero d'Avola

白酒品種
　　鐵比安諾（Trebbiano）
　　Cortese
　　阿內斯（Arneis）

葡萄牙

葡萄牙最知名的葡萄酒就是波特酒（Porto）：它滋味豐富強勁，卻也同時具有天鵝絨般的質地與甜美的滋味。不過，近年來葡萄牙的干性紅酒也愈釀愈好，逐漸小有名氣，讓我們持續保持關注！

葡萄酒風格：這裡的葡萄酒充滿陽光滋味，口感飽滿有料，且近年來酒風益趨細膩。

葡萄酒特點：葡萄牙最知名的波特酒與馬得拉酒（Madère）可說是兩頭不死怪物，幾乎具有久存不壞的金剛之身。

最著名的產區與葡萄品種

葡萄酒產區
斗羅河谷（Douro）
唐產區（Dão）
阿連特如（Alentejo）

紅酒品種
Touriga nacional
Tinta roriz
Rouriga franca

白酒品種
loureiro
Arinto
Sercial

南　非

　　1655 年，荷蘭人首次將歐洲種葡萄樹引進南非。18 世紀時稱為「南非角」的南非主要是以其康士坦夏甜酒（Constantia）聞名。1991 年南非的種族隔離政策廢止後，當地的葡萄酒業重新獲得動能，目前顯得欣欣向榮。

　　葡萄酒風格：充滿果香的葡萄酒，在某些層面上讓人想起經典的歐洲葡萄酒。

　　葡萄酒特點：1925 年，在伊茲卡佩侯（Abraham Izak Perold）教授的實驗下，黑皮諾與仙梭的雜交種皮諾塔吉（Pinotage）於焉誕生。

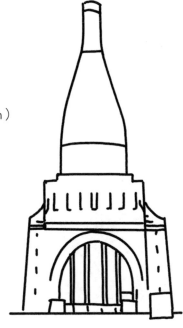

最著名的產區與葡萄品種

葡萄酒產區
康士坦夏
斯泰倫博斯地區（Stellenbosch）
斯瓦特蘭（Swartland）

紅酒品種
皮諾塔吉
希哈
卡本內蘇維濃

白酒品種
夏多內
白蘇維濃
白梢楠

澳　洲

　　首批的歐洲種葡萄樹於 18 世紀種植於澳洲。僅僅花費了幾十年的光陰，澳洲已經成為世界葡萄酒業的要角。澳洲的釀酒科技與設備非常先進，澳洲釀酒人也不忘與時俱進以吸引飲酒人對澳洲酒的喜愛。

　　葡萄酒風格：酒風相當熱情外放，酒質優良且雅俗共賞。

　　葡萄酒特點：澳洲人酒釀得不錯，且非常善於行銷，使得全世界飲酒人都知曉澳洲酒的美味。

最著名的產區與葡萄品種

葡萄酒產區

巴羅沙谷（Barossa Valley）
麥克雷倫谷（McLaren Vale）
庫納瓦拉（Coonawarra）

紅酒品種

希哈
黑皮諾
卡本內蘇維濃

白酒品種

夏多內
白蘇維濃
白梢楠

阿根廷

探戈的國度阿根廷其實自 16 世紀起就開始種植葡萄釀酒，且是世界上最大產酒國之一。阿根廷最出名的葡萄酒是以法國品種馬爾貝克釀成的紅酒，此單一品種紅酒也是該國人民的驕傲。

葡萄酒風格：以紅酒為主，風味強勁飽滿，且具有天鵝絨般的質地。

葡萄酒特點：由於多數葡萄園位處高海拔，所以較少罹病，也比較容易進行有機耕作。

最著名的產區與葡萄品種

葡萄酒產區
門多薩（Mendoza）
San Juan
Salta

紅酒品種
馬爾貝克
田帕尼優
巴貝拉（Barbera）

白酒品種
夏多內
Pedro gimenez
Torrontes

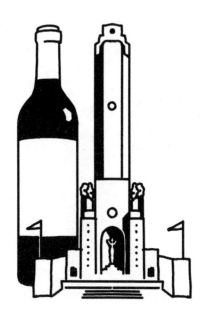

智 利

　　智利位處太平洋與安地斯山脈之間，它所產的葡萄酒被歸於新世界的類別。然而，其實智利自 16 世紀起就開始釀造葡萄酒。今日，多數智利所釀造的酒都用於出口。

　　葡萄酒風格：整體而言，智利所產的酒具有豐富的果香，且相當可口，主要以單一品種葡萄酒裝瓶。

　　葡萄酒特點：能夠相當好地表現品種特色，並且價格平易近人。

最著名的產區與葡萄品種
葡萄酒產區
Maipo
Rapel
Curicó

紅酒品種
卡門內爾
梅洛
País

白酒品種
白蘇維濃
夏多內
Torontel

美　國

談到新世界的葡萄酒時，我們最先想到的就是美國葡萄酒。美國第一批的歐洲種葡萄樹是由當時的西班牙殖民者所種植，後來的禁酒令也讓當地酒業一度蕭條。1970 年代之際，加州葡萄酒產業一片欣欣向榮，帶動其他產區隨之崛起。

葡萄酒風格：一般顯得熱情外放，橡木桶味道較重，多數酒款屬於立即享樂型態。

葡萄酒特點：美國一般大眾都對葡萄酒保有興趣，而美國酒業在行銷上著力甚深也成一大助力。

最著名的產區與葡萄品種

葡萄酒產區
那帕谷地（Napa Valley）
紐約州
奧勒岡州

紅酒品種
卡本內蘇維濃
黑皮諾
梅洛

白酒品種
夏多內
白蘇維濃
麗絲玲

影響美國酒業的法國人

　　美國自 16 世紀起便開始種植釀酒葡萄。我們常常聽到「法國落後美國十年」這樣的說法，不過在釀酒葡萄樹的種植上，法國人嘉惠「山姆大叔」至深！

　　以下介紹幾位穿越大西洋追尋美國夢的法國人，他們同時也將葡萄樹種植與釀酒技術引介到這個「西部牛仔國度」。

Once Upon a Time in America

《美國往事》（台譯《四海兄弟》）
拉法葉侯爵
Gilbert du Motier, marquis de La Fayette, 1757-1834

　　來自法國的拉法葉侯爵曾經是火槍騎兵，也是人民自由權利的強力捍衛者，他在 20 歲時（1777 年）首次登上美國國土。他與美國開國總統湯瑪斯・傑佛遜（Thomas Jefferson）是長年至交，後者也是利用閒暇時間釀酒的業餘小酒農，在兩者的知識交流與傳布下，也促進了美國葡萄樹種植的發展。

A Fistful of Dollars

《一把金幣》（台譯《荒野大鏢客》）
尚路易‧敏恩
Jean-Louis Vignes, 1780-1862

雖然當時美洲大陸已經存在不少的野生美洲種葡萄樹（Vitis riparia、Vitis vulpina 等等），但是具有遠見的法國實業家尚路易‧敏恩仍認為將歐洲種葡萄樹移植到美洲才是正道，認定如此才能提高葡萄酒品質。事後證明他押對寶了：自 1851 年起，敏恩已在加州擁有 4 萬株歐洲種葡萄樹，且每年可以產出幾千桶的葡萄酒。

For a Few Dollars More

《再多幾枚金幣》（台譯《黃昏雙鏢客》）
菲利普‧羅斯柴爾德男爵
Philippe de Rothschild, 1902-1988

　　菲利普‧羅斯柴爾德出生於巴黎，12 歲時就被送往波爾多波雅克酒村的家族酒莊 Château Mouton-Rothschild 居住與見習，隨後在 20 歲時掌理酒莊，並成功地在 1973 年讓酒莊破例升級成為一級酒莊。1979 年，羅斯柴爾德迎來了新挑戰：他與加州釀酒同業蒙大維（Robert Mondavi）共同成立了全球知名的 Opus One 酒莊。在兩人聯手努力下，不僅提升了加州葡萄酒品質，也讓美國葡萄酒形象深植世人心中。

Once Upon a Time in The West

《西部往事》（台譯《狂沙十萬里》）
喬治·德拉圖
Georges de Latour, 1856-1940

　　德拉圖當初與妻子菲南得（Fernande）自法赴美，並選擇加州落腳定居，夫妻倆後來在 1900 年買下加州拉瑟福德酒村（Rutherford）的知名 Beaulieu Vineyard 酒莊。在葡萄根瘤芽蟲病重創該莊與所屬葡萄園後，德拉圖決定自 1902 年起引進來自波爾多的葡萄株，而這些葡萄樹也存活良好，成為該莊珍貴資產。

The Good, the Bad and the Ugly

《好人、壞人與小人》（台譯《黃昏三鏢客》）
米歇爾 · 侯隆
Michel Rolland，71 歲

在其職業生涯中，米歇爾 · 侯隆也成為波爾多幾家酒堡的莊主，不過他最為人稱道的其實是身為釀酒顧問的專業知識與角色。過去幾十年中，他藉由擔任多家世界名莊的釀酒顧問而聲名大噪。他與美國傳奇酒評家羅伯 · 派克以及加州莊主蒙大維三人之間的友誼，在美國導演諾希特（Jonathan Nossiter）所拍攝的《葡萄酒世界》（*Mondovino*，2008 年上映）一片中有鮮明的刻畫。侯隆最常被批評之處，就是在他擔任顧問的職涯中，造成了葡萄酒風味以及飲酒人品味的標準化。

c'est
l'heure
de l'apéro !

來喝杯
　　開胃酒吧！

開胃酒之歌

圓桌騎士們
嘗嘗這酒是否美味
嘗嘗看，嘗呀嘗呀嘗呀
嘗嘗看，還嘗嗎還嘗嗎還嘗嗎
嘗嘗這酒是否美味
～
如果好喝，如果喝來舒服
我要喝到爽為止
我要喝，喝呀喝啊喝呀
我要喝，還喝嗎還喝嗎還喝嗎
我要喝到爽為止
～
我要喝上五到六瓶
然後膝上坐著一個女人
一個女人，來呀來呀來呀
一個女人，在哪呀在哪呀在哪
呀
然後膝上坐著一個女人
～
如果我死了
請把我埋在酒窖裡，裡頭塞滿
美酒
酒窖裡，都是美酒
酒窖裡，不再塞更多美酒嗎
請把我埋在酒窖裡，裡頭塞滿
美酒
～
雙腳頂住石牆
腦袋就在酒桶龍頭下方
腦袋呀，喝呀喝呀喝呀
腦袋呀，不喝了嗎不喝了嗎
腦袋就在酒桶龍頭下方
～
請在我墓碑上，刻上
飲者之王，在此安息
安息，要喝才能安息
安息，不喝不能安息
飲者之王，在此安息
～
話說人間走一遭
死前不喝更待何時
喝吧，喝喝喝
喝吧，不喝了嗎不喝了嗎
死前不喝更待何時

Chevaliers de la Table ronde
Goûtons voir si le vin est bon
Goûtons voir, oui oui oui
Goûtons voir, non non non
Goûtons voir si le vin est bon
～
S'il est bon, s'il est agréable
J'en boirai jusqu'à mon plaisir
J'en boirai, oui oui oui
J'en boirai, non non non
J'en boirai jusqu'à mon plaisir
～
J'en boirai cinq ou six bouteilles
Une femme sur les genoux
Une femme, oui oui oui
Une femme, non non non
Une femme sur les genoux
～
Si je meurs, je veux
qu'on m'enterre
Dans une cave
où il y a du bon vin
Dans une cave, oui oui oui
Dans une cave, non non non
Dans une cave
où il y a du bon vin
Les deux pieds
contre la muraille
Et la tête sous le robinet
Et la tête, oui oui oui
Et la tête, non non non
Et la tête sous le robinet
～
Sur ma tombe,
je veux qu'on inscrive
Ici gît le roi des buveurs
Ici gît, oui oui oui
Ici gît, non non non
Ici gît le roi des buveurs
～
La morale de cette histoire
C'est de boire avant de mourir
C'est de boire, oui oui oui
C'est de boire, non non non
C'est de boire avant de mourir !

搭配開胃酒的鄉村肉醬

食譜： Stéphane Reynaud

目標： 製作 1 公斤鄉村肉醬

備料時間： 30 分鐘

烹飪時間： 1.5 小時＋醃肉時間 24 小時＋數天等待熟成

材料：

· 300 公克豬脊肉
· 200 公克豬肝
· 幾片豬肥肉薄切片
· 200 公克豬肥肉
· 100 公克煙燻豬胸
· 六片大蒜
· 三片紅蔥頭
· 5 毫升蘭姆酒
· 20 毫升你喜愛的紅酒
· 一茶匙胡椒粉
· 一茶匙五香粉
· 一把洋香芹
· 三顆雞蛋
· 15 毫升液態鮮奶油
· 適量的鹽

製作步驟：

1. 前一夜就將所有的肉、蒜頭、紅蔥頭一起切碎。加入洋香芹、萊姆酒、紅酒以及香料調味，然後以鋁箔紙包覆好，放在陰涼處（比如冰箱）。

2. 將三顆蛋與鮮奶油一起拌打，再拌入前晚醃製好的肉中，接著整個放入砂鍋裡，然後交疊地以豬肥肉薄切片覆蓋在上頭。放入烤箱以 180 度隔水加熱 1.5 小時。

3. 取出烤箱後，靜置陰涼處（如冰箱）幾天，待其熟成滋味更豐富後，就可以大快朵頤了。

搭配開胃酒的海鮮肉凍

食譜：Thibault Sombardier

目標：製作 1 公斤海鮮肉凍

備料時間：30 分鐘

烹飪時間：1.5 小時＋醃漬時間 24 小時＋數天等待熟成

材料：

風味湯頭（Nage）

- 1.5 公斤的鰩魚翅
- 2 公斤的水
- 20 毫升的醋
- 100 毫升你喜愛的白酒
- 一湯匙的碎胡椒粒
- 一把百里香
- 一把洋香芹
- 一把龍蒿
- 16 公克的鹽
- 三片紅蔥頭

肉凍組成材料

- 70 公克切碎的酸黃瓜
- 50 公克去鹹的酸豆
- 一把切碎的洋香芹
- 濃縮的風味湯頭
- 8 片吉利丁片
- 4 公克的洋菜粉

製作步驟：

1. 將所有製作風味湯頭的材料混合後煮至沸騰，煮個 10 分鐘後，將整片鰩魚翅置入風味湯頭裡，轉小火慢煮 15 分鐘。取出鰩魚翅，手盡量不要碰到魚肉，將魚肉刮下，使與魚翅分離。

2. 在砂鍋裡先鋪上一層鰩魚翅肉，在上頭再鋪上一層切碎的洋香芹、酸豆與酸黃瓜，再鋪魚肉，再鋪一層香料與酸豆和黃瓜，依此類推直到疊滿整個砂鍋的高度。將風味湯頭與魚翅骨一起加熱，濃縮到四分之三，然後以吉利丁片和洋菜粉增稠。稍微放涼後，倒入砂鍋裡，放入冰箱 24 小時。

3. 將海鮮肉凍切成片，撒一點胡椒，即可食用。

邊喝邊玩

猜酒謎：以酒猜人

當你跟朋友飲酒作樂時，不妨來玩個益智酒謎，看看大家對這些愛酒的歷史人物有多少認識？他們可能是王室貴族或是小說家，共同點是對於葡萄酒有著不可自拔的迷戀。

這猜謎遊戲可以兩人、三人、四人或更多人一起玩。首先要找個遊戲主持人，他在揭曉書裡的人名謎底之前，可以依其選擇與順序，給出書裡記載的不同線索，看看大夥兒誰能最先猜出謎題的歷史人物！

查理曼大帝
Charlemagne

職 業

法蘭克王國的國王

最喜愛的產區

布根地

最偏愛的法定產區

高登—查理曼

（Corton-charlemagne）

人物相關軼事

他在喝紅酒時，

不小心讓紅酒沾紅了鬍子，

氣得吹鬍子瞪眼，

所以下令在高登山上種植夏多
　內葡萄，

這卡洛林王朝的國王

腦筋動得挺快的！

凱薩琳·梅迪奇
Catherine de Médicis

職 業

法國王后

最喜愛的產區

羅亞爾河谷地

最偏愛的法定產區

Cour-cheverny

人物相關軼事

當法國國王方斯瓦一世

下令重整 Cour-Cheverny 的葡
　萄園時，

權傾一時的她於同年誕生；

命運使她也死在此葡萄園裡，

此梅迪奇家族的名女人

應算是死得其所了！

拿破崙一世
Napoléon Ier

職　業

法國皇帝

最喜愛的產區

布根地

最偏愛的法定產區

香貝丹特級園

人物相關軼事

每次戰爭之前，
這位法國皇帝都會
開一瓶香貝丹特級園，
喝了再上，
讓他具有加農砲般的
領導戰爭爆發力！

柯蕾特
Sidonie-Gabrielle Colette

職　業

小說家、默劇演員、女影視演
　員、女記者

最喜愛的產區

西南部產區

最偏愛的法定產區

居宏頌

人物相關軼事

這位法國文學的知名女作家，
具有豐富的情愛經驗，
她老喜歡提起：
當我還是少女時，
遇到了一位情感熱烈
如火山噴發的王子，
但如所有善於誘惑人心者，
他也善變：他就是居宏頌。

海明威
Ernest Hemingway

職　業

作家、報社記者、戰地通訊記
者

最喜愛的產區

波爾多

最偏愛的法定產區

瑪歌（Margaux）

人物相關軼事

他是知名的酒癡，
對瑪歌產區紅酒的癡迷程度，
讓他將女兒取名為 Margaux，
而非英文常見的 Margot。
他到底是文學巨擘，
還是人盡皆知的酒鬼，
由你來斷定。

琵雅芙
Édith Piaf

職　業

女歌手、女演員、作詞人

最喜愛的產區

應該是羅亞爾河谷地

最偏愛的法定產區

無法確定

人物相關軼事

她生於巴黎，
自幼窮苦，
童年就開始酗紅酒，
然而當時衛生的飲用水，
並非隨手可得。
水，甚至是疾病的來源。

保羅 · 包庫斯
Paul Bocuse

職　業

餐廳主廚

最喜愛的產區

薄酒來

最偏愛的法定產區

聖艾姆

人物相關軼事

這位知名主廚喜愛
以其所成長地區的葡萄酒來烹
　調，
比如經典的「紅酒燉蛋」
就必須使用薄酒來紅酒，
他有些沙文主義地說：
這道菜只能用加美葡萄酒，
否則不成事！

女王伊莉莎白二世
Queen Élisabeth II

職　業

英國暨大英國協女王

最喜愛的產區

波爾多

最偏愛的法定產區

玻美侯

人物相關軼事

在這位女王與愛丁堡公爵菲利
　普親王
的訂婚晚宴上，就是使用波爾
　多酒宴客。
英、法歷史上常有戰爭衝突，
但當無法忍住美酒招喚時，
英國人的愛國情操可以暫放一
旁⋯⋯

路易·德菲內斯
Louis de Funès

職 業
喜劇演員、電影編劇

最喜愛的產區
波爾多

最偏愛的法定產區
聖朱里安（Saint-Julien）

人物相關軼事
本喜劇演員在《美食家》
片中的一場戲中，以盲飲方式
猜中 1953 年份的 Château
　Léoville Las Cases。
此後，每當該莊推出新年份時
這位演員都會獲得一箱酒
（直到他去世為止）
以資感謝。

瑪麗蓮·夢露
Marilyn Monroe

職 業
美國女演員暨女歌手

最喜愛的產區
香檳區

最偏愛的法定產區
香檳

人物相關軼事
這位 1950 年代的性感偶像，
宣稱喜愛以香檳泡澡來放鬆身
　心，
如果真是如此，
那這位好萊塢明星
每次泡澡都必須倒入 160 瓶
　香檳，
果真富貴人家才負擔得起！

annexes.

附 錄

如何成為侍酒師

在法國，若獲得以下兩種文憑其中一種，就可以執行世界上最棒的職業：侍酒師。

侍酒師進修文憑
（Mention complémentaire sommellerie）

進修期間一年，可以採取下面兩種方式進行：

1. 在職進修，必須在餐飲業界實習 12 星期。

2. 在學校進修 10 星期，其他時間則於餐飲業界實習。

侍酒師專業文憑
（Brevet professionnel sommelier）

進修期間兩年，部分時間在學校進修，部分時間於餐飲業界實習。

想要報名進修以上兩種文憑的先決條件是，必須先在旅館餐飲學校獲得相關科系文憑。

　　想要成為旅館以及餐飲業界的專業從業人員（或者更進一步成為偉大的侍酒師），以下是法國各專業學校的名單，會依照所屬省別列出：

南科西嘉省（Corse-du-Sud）

CFA Académique Corse, Ajaccio (20000)

上科西嘉省（Haute-Corse）

Lycée professionnel Fred Scamaroni, Bastia (20600)

隆河口省（Bouches-duRhône）

Section professionnelle lycée hôtelier, Marseille (13266)

卡爾瓦多斯省（Calvados）

SEP du lycée François Rabelais, Ifs (14123)

夏宏德省（Charente）

Lycée privé SaintJoseph l'Amandier, Saint-Yrieix-sur-Charente (16710)

濱海夏宏德省（Charente-Maritime）

SEP du Lycée Hôtelier, La Rochelle (17030)

金丘省（Côte-d'Or）

Lycée Le Castel, Dijon (21000)

多爾多涅省（Dordogne）

Lycée professionnel Jean Capelle, Bergerac (24100)

德隆省（Drôme）

Lycée professionnel hôtelier de l'Hermitage, Tain-Hermitage (26600)

菲尼斯泰爾省（Finistère）

Lycée et SEP Saint-Joseph Saint-Marc, Concarneau (29187)

加德省（Gard）

Lycée professionnel Voltaire, Nîmes (30900)

上加隆省（Haute-Garonne）

CFA commerce et services, Blagnac (31700)
SEP du Lycée polyvalent et des métiers de l'hôtellerie d'Occitanie, Toulouse (31026)

吉隆特省（Gironde）

Institut consulaire de formation en alternance, Bordeaux (33049)
Lycée polyvalent d'hôtellerie et de tourisme de Gascogne, Talence (33405)

埃侯省（Hérault）

CCI Sud formation CFA Occitanie, Béziers (34535)
Lycée Georges Frêche (voie professionnelle), Montpellier (34960)

伊爾—維蘭省（Ille-et-Vilaine）

Faculté des métiers CFA de la CCI Ille-et-Vilaine de Rennes, Bruz (35170)

Lycée professionnel Notre-Dame, Saint-Méen-le-Grand (35290)

Lycée technologique et SEP hôtelier Yvon Bourges, Dinard (35803)

安德爾—羅亞爾省（Indre-et-Loire）

CFA Tours alternance formation, Tours (37100)

伊塞爾省（Isère）

CFA IMT institut des métiers et techniques, Grenoble (38029)

Lycée polyvalent hôtelier Lesdiguières, Grenoble (38034)

Lycée professionnel privé les Portes de Chartreuse, Voreppe (38340)

上羅亞爾省（Haute-Loire）

Lycée professionnel Jean Monnet, Le Puy-en-Velay (43003)

羅亞爾—亞特蘭提克省（Loire-Atlantique）

Lycée polyvalent Nicolas Appert, Orvault (44700)

洛特—加隆省（Lot-et-Garonne）

Lycée professionnel Jacques de Romas, Nérac (47600)

洛澤爾省（Lozère）

Lycée privé Sacré-Cœur (voie professionnelle), Saint-Chély-d'Apcher (48200)

曼恩—羅亞爾省（Maine-et-Loire）

CFA de la CCI du Maine-et-Loire, Angers (49015)

摩比昂省（Morbihan）

CFA Chambre de métiers du Morbihan, Vannes (56008)

摩塞爾省（Moselle）

CFA du lycée des métiers de l'hôtellerie Raymond Mondon, Metz (57070)

SEP du lycée des métiers de l'hôtellerie et de la restauration Raymond Mondon, Metz (57070)

北省（Nord）

Lycée hôtelier international de Lille, Lille (59007)

瓦司省（Oise）

SEP du lycée polyvalent Charles de Gaulle, Compiègne (60321)

隆河省（Rhône）

CFA François Rabelais, Dardilly (69571)

上薩瓦省（Haute-Savoie）

CFA de Groisy, Groisy (74570)

Lycée polyvalent hôtelier Savoie Léman, Thonon-les-Bains (74200)

多姆山省（Puy-de-Dôme）

Institut des métiers, Clermont-Ferrand (63039)
SEP du lycée polyvalent, Chamalières (63400)

下萊茵省（Bas-Rhin）

Lycée polyvalent hôtelier Alexandre Dumas, Illkirch-Graffenstaden (67404)

上萊茵省（Haut-Rhin）

CFA du lycée Joseph Storck, Guebwiller (68504)

巴黎（Paris）

CFA des métiers de la table, Paris (75017)
École hôtelière de Paris Médéric, Paris (75017)
SEP du lycée privé Albert de Mun, Paris (75007)

濱海塞納省（Seine-Maritime）

SEP du lycée Georges Baptiste, Canteleu (76380)

伊芙琳省（Yvelines）

Lycée d'hôtellerie et de tourisme, Guyancourt (78042)

維恩省（Vienne）

CFA de la Chambre de commerce et d'industrie de la Vienne-Maison de la formation, Poitiers (86012)

上維恩省（Haute-Vienne）

Groupe Charles de Foucault, Limoges (87016)

艾松省（Essonne）

Lycée professionnel Château des Coudraies, étiolles (91450)

馬恩河谷地省（Val-de-Marne）

SEP du lycée polyvalent Montaleau, Sucy-en-Brie (94370)

瓦司河谷地省（Val-d'Oise）

CFA Ferrandi Paris, Saint-Gratien (95210)

註：
CFA：學徒訓練中心
SEP：職業訓練中心
以上資料來源 ONISEP（法國國家暨地區職業訓練中心資訊處）。

梅多克酒莊分級
Le classement du Médoc

　　梅多克分級是法國最著名的酒莊分級。藉此分級，全世界愛酒人都對波爾多好酒的品質久仰大名，而且願意進一步親身品賞。以下列出各級酒莊與其所屬法定產區。

一級酒莊
· PREMIERS CRUS CLASSÉS
- Château Haut-Brion, AOC Pessac-léognan
- Château Lafite-Rothschild, AOC Pauillac
- Château Latour, AOC Pauillac
- Château Margaux, AOC Margaux
- Château Mouton Rothschild, AOC Pauillac

二級酒莊
· DEUXIÈMES CRUS CLASSÉS
- Château Brane-Cantenac, AOC Margaux
- Château Cos-d'Estournel, AOC Saint-estèphe
- Château Ducru-Beaucaillou, AOC Saint-julien
- Château Durfort-Vivens, AOC Margaux
- Château Gruaud Larose, AOC Saint-julien
- Château Lascombes, AOC Margaux
- Château Léoville Barton, AOC Saint-julien
- Château Léoville-Las-Cases, AOC Saint-julien
- Château Léoville-Poyferré, AOC Saint-julien
- Château Montrose, AOC Saint-estèphe
- Château Pichon-Longueville Baron de Pichon, AOC Pauillac
- Château Pichon-Longueville Comtesse de Lalande, AOC Pauillac
- Château Rauzan-Ségla, AOC Margaux
- Château Rauzan-Gassies, AOC Margaux

三級酒莊
· TROISIÈMES CRUS CLASSÉS
- Château Boyd-Cantenac, AOC Margaux
- Château Calon-Ségur, AOC Saint-estèphe
- Château Cantenac-Brown, AOC Margaux
- Château Desmirail, AOC Margaux
- Château Ferrière, AOC Margaux
- Château Giscours, AOC

Margaux
- Château d'Issan, AOC Margaux
- Château Kirwan, AOC Margaux
- Château Lagrange, AOC Saint-julien
- Château La Lagune, AOC Haut-médoc
- Château Langoa-Barton, AOC Saint-julien
- Château Malescot Saint-Exupéry, AOC Margaux
- Château Marquis-d'Alesme, AOC Margaux
- Château Palmer, AOC Margaux

四級酒莊
· QUATRIÈMES CRUS CLASSÉS
- Château Beychevelle, AOC Saint-julien
- Château Branaire-Ducru, AOC Saint-julien
- Château Duhart-Milon, AOC Pauillac
- Château Lafon-Rochet, AOC Saint-estèphe
- Château Marquis de Terme, AOC Margaux
- Château Pouget, AOC Margaux
- Château Prieuré-Lichine, AOC Margaux
- Château Saint-Pierre, AOC Saint-julien
- Château Talbot, AOC Saint-julien
- Château La Tour-Carnet, AOC Haut-médoc

五級酒莊
· CINQUIÈMES CRUS CLASSÉS
- Château d'Armailhac, AOC Pauillac
- Château Batailley, AOC Pauillac
- Château Belgrave, AOC Haut-médoc
- Château Camensac, AOC Haut-médoc
- Château Cantemerle, AOC Haut-médoc
- Château Clerc-Milon, AOC Pauillac
- Château Cos-Labory, AOC Saint-estèphe
- Château Croizet-Bages, AOC Pauillac
- Château Dauzac, AOC Margaux
- Château Grand-Puy Ducasse, AOC Pauillac
- Château Grand-Puy Lacoste, AOC Pauillac
- Château Haut-Bages Libéral, AOC Pauillac
- Château Haut-Batailley, AOC Pauillac
- Château Lynch-Bages, AOC Pauillac
- Château Lynch-Moussas, AOC Pauillac
- Château Pédesclaux, AOC Pauillac
- Château Pontet-Canet, AOC Pauillac
- Château du Tertre, AOC Margaux

索甸與巴薩克酒莊分級
Le classement de Sauternes et de Barsac

　　大多數愛酒人（包括你在內）應該都聽過伊肯堡（Château d'Yquem）的大名，不過波爾多偉大甜白酒的市場需求其實仍相當有限。以下的酒莊分級目前看來也不會有變動的可能（其實有所必要）……

優等一級酒莊
· PREMIER CRU SUPÉRIEUR

- Château d'Yquem, Sauternes, AOC Sauternes

一級酒莊
· PREMIERS CRUS

- Château Climens, AOC Barsac
- Clos Haut-Peyraguey, AOC Sauternes
- Château Coutet, AOC Barsac
- Château Guiraud, AOC Sauternes
- Château Lafaurie-Peyraguey, AOC Sauternes
- Château Rabaud-Promis, AOC Sauternes
- Château Rayne-Vigneau, AOC Sauternes
- Château Rieussec, AOC Sauternes
- Château Sigalas-Rabaud, AOC Sauternes
- Château Suduiraut, AOC Sauternes
- Château La Tour-Blanche, AOC Sauternes

二級酒莊
· DEUXIÈMES CRUS

- Château d'Arche, AOC Sauternes
- Château Broustet, AOC Barsac
- Château Caillou, AOC Barsac
- Château Doisy-Daëne, AOC Barsac
- Château Doisy-Dubroca, AOC Barsac
- Château Doisy-Védrines, AOC Barsac
- Château Filhot, AOC Sauternes
- Château Lamothe (Despujols), AOC Sauternes
- Château Lamothe-Guignard, AOC Sauternes
- Château de Malle, AOC Sauternes
- Château de Myrat, AOC Barsac
- Château Nairac, AOC Barsac
- Château Romer du Hayot, AOC Sauternes
- Château Romer, AOC Sauternes
- Château Suau, AOC Barsac

聖愛美濃酒莊分級
Le classement de Saint-émilion

聖愛美濃的葡萄酒生產者長期以來對左岸梅多克的生產者有著嫉妒又羨慕的心理，在聖愛美濃產區聯合會的力促下，法國法定產區管理局於 1954 年首次設立了聖愛美濃的酒莊分級制度，而本分級的最新（上一次）變動發生於 2012 年，有些酒莊被升級另一些則遭降級。

一級特等酒莊 · PREMIERS GRANDS CRUS CLASSÉS

一級特等酒莊又分為 A 等（最名貴者，以下以 A 標示）與 B 等。

- Château Cheval Blanc (A)
- Château Ausone (A)
- Château Angélus (A)
- Château Pavie (A)
- Château Beau-Séjour
- Château Beau-Séjour-Bécot
- Château Bél Air-Monange
- Château Canon
- Château Canon la Gaffelière
- Château Figeac
- Clos Fourtet
- Château la Gaffelière
- Château Larcis Ducasse
- La Mondotte
- Château Pavie Macquin
- Château Troplong Mondot
- Château Trottevieille
- Château Valandraud

特等酒莊 · GRANDS CRUS CLASSÉS

- Château L'Arrosée
- Château Balestard La Tonnelle
- Château Barde-Haut
- Château Bellefont-Belcier
- Château Bellevue
- Château Berliquet
- Château Cadet Bon
- Château Cap de Mourlin
- Château le Chatelet
- Château Chauvin
- Château Clos de Sarpe
- Château La Clotte
- Château La Commanderie
- Château Corbin
- Château Côte de Baleau
- Château La Couspaude
- Château Dassault
- Château Destieux
- Château La Dominique
- Château Faugères
- Château Faurie de Souchard
- Château de Ferrand
- Château Fleur Cardinale
- Château La Fleur Morange Mathilde
- Château Fombrauge
- Château Fonplégade
- Château Fonroque
- Château Franc Mayne
- Château Grand Corbin
- Château Grand Corbin-Despagne
- Château Grand Mayne
- Château Les Grandes Murailles
- Château Grand Pontet
- Château Guadet
- Château Haut Sarpe
- Clos des Jacobins
- Couvent des Jacobins
- Château Jean Faure
- Château Laniote
- Château Larmande
- Château Laroque
- Château Laroze Clos La Madeleine
- Château La Marzelle
- Château Monbousquet
- Château Moulin du Cadet
- Clos de l'Oratoire
- Château Pavie-Decesse
- Château Péby Faugères
- Château Petit Faurie de Soutard
- Château de Pressac
- Château Le Prieuré
- Château Quinault l'Enclos
- Château Ripeau
- Château Rochebelle
- Château Saint Georges Côte Pavie
- Clos Saint-Martin
- Château Sansonnet
- Château La Serre
- Château Soutard
- Château Tertre Daugay
- Château la Tour Figeac
- Château Villemaurine
- Château Yon-Figeac

阿爾薩斯法定產區命名
AOC Alsace

地區性的阿爾薩斯法定產區命名（L'appellation AOC Alsace）通常會在酒標上標出品種名。也可以在酒標上註明「晚摘酒」（Vendanges Tardives）或是「貴腐葡萄精選酒」（Sélections de Grains Nobles）。AOC Alsace 共計有 24 種寫法。

- AOC Alsace auxerrois
- AOC Alsace chasselas
- AOC Alsace edelzwicker
- AOC Alsace gewurztraminer
- AOC Alsace klevener de heiligenstein
- AOC Alsace muscat
- AOC Alsace muscat ottonel
- AOC Alsace pinot gris
- AOC Alsace pinot blanc
- AOC Alsace pinot noir
- AOC Alsace rosé pinot noir
- AOC Alsace rouge pinot noir
- AOC Alsace riesling
- AOC Alsace sylvaner
- AOC Alsace vendanges tardives gewurztraminer
- AOC Alsace vendanges tardives muscat
- AOC Alsace vendanges tardives muscat ottonel
- AOC Alsace vendanges tardives pinot gris
- AOC Alsace vendanges tardives riesling
- AOC Alsace sélection de grains nobles gewurztraminer
- AOC Alsace sélection de grains nobles muscat
- AOC Alsace sélection de grains nobles muscat ottonel
- AOC Alsace sélection de grains nobles pinot gris
- AOC Alsace sélection de grains nobles riesling

阿爾薩斯特級園法定產區命名
Les AOC Alsace grand cru

　　阿爾薩斯的首個特級園出現在 1975 年，目前共計 51 個。除了幾個少數例外，特級葡萄園裡只能種植四種品種：麗絲玲、格烏茲塔明那、黑皮諾以及蜜思嘉。還好，以下我只是將特級園寫出來，因為這些特級園的阿爾薩斯發音著實不易，當地人應該會把我的破爛發音當成羞辱吧！

下萊茵特級園 · Bas-Rhin

- Steinklotz
- Altenberg-de-bergbieten
- Engelberg
- Altenberg-de-wolxheim
- Bruderthal
- Kirchberg-de-barr
- Zotzenberg
- Wiebelsberg
- Kastelberg
- Moenchberg
- Muenchberg
- Winzenberg
- Frankstein
- Praelatenberg

上萊茵特級園 · Haut-Rhin

- Gloeckelberg • Altenberg-de-bergheim
- Kanzlerberg • Osterberg
- Kirchberg-de-ribeauvillé • Geisberg
- Rosacker • Schoenenbourg • Froehn
- Sonnenglanz • Sporen • Mandelberg
- Furstentum • Schlossberg • Marckrain
- Mambourg • Kaefferkopf
- Wineck-Schlossberg • Sommerberg
- Florimont • Brand • Hengst • Steingrubler
- Pfersigberg • Eichberg • Hatschbourg
- Goldert • Steinert • Zinnkoepflé
- Vorbourg • Pfingstberg • Spiegel
- Kessler • Kitterlé • Saering
- Ollwiller • Rangen

阿爾薩斯氣泡酒法定產區命名
AOC Crémant d'Alsace

　　過去幾十年來，阿爾薩斯氣泡酒的品質愈見提升，受到眾人喜愛。事實上，今日阿爾薩斯葡萄酒總產量的四分之一就是氣泡酒。除了香檳，法國人喝得最多的氣泡酒就是阿爾薩斯氣泡酒（Crémant d'Alsace）。其法定產區有以下幾種寫法：

- AOC Crémant d'Alsace blanc
- AOC Crémant d'Alsace rosé
- AOC Crémant d'Alsace auxerrois
- AOC Crémant d'Alsace chardonnay
- AOC Crémant d'Alsace pinot blanc
- AOC Crémant d'Alsace pinot gris
- AOC Crémant d'Alsace pinot noir
- AOC Crémant d'Alsace riesling

葡萄酒的數字蒐奇

在我們的人生中，有些事情很重要，以些則不是那麼重要。以下是對葡萄酒迷來說，重要且非常有意思的相關數字……

47 號

47 是法國拉瓦達克村（Lavardac）的行政區號，本村曾舉行「葡萄酒開瓶世界盃冠軍賽」。

5,000

全球種植的葡萄品種共達 5,000 個，你有能力加以辨別嗎？

100 天

這是人類有史以來最長的飲酒節慶天數，舉辦者非羅馬人莫屬，這似乎沒啥可大驚小怪的，古早古早以前，他們就是無酒不歡的酒鬼了！

13.74 克……

……這是某人一公升血液中的酒精克數，這是目前已測知最高的血液含酒量，光是猜想這人到底乾掉多少瓶酒，就令人頭皮發麻！

1472 年份

這是世界上仍儲存在
橡木桶中的最老年份
葡萄酒，仍舊在史特拉斯堡
濟貧醫院酒窖裡培養，
發現新大陸的哥倫布
當年還只是年輕小伙子！

1774 年份

這是仍在市面上流通的最老
年份葡萄酒：一瓶由阿爾
伯鎮（Arbois）居民維賽爾
（Anatoile Vercel, 1725-1786）
釀造的侏羅區黃葡萄酒。
當時，法王路易十六才
掌權執政不久。

482,000 歐元

這是紐約蘇士比拍賣公司
有史以來拍出價格最高的
一瓶葡萄酒金額：1945 年份
的 Romanée-conti，換算起來
一杯酒要價 80,334 歐元！

14 瓶

這是主演過《大鼻子情聖》
的法國演員傑哈·德巴狄厄
（Gérard Depardieu）宣稱
一天內可以喝完的最高
葡萄酒瓶數。他可真是
大口喝酒的漢子呀！

index

索引

À MA FEMME KARINE, C'EST TOI QUI M'ENIVRE. jean

向我親愛的老婆致敬，令我陶醉的，其實是妳。

尚（老公）

致 謝
(Remerciements)

首先謝謝以下幾位好友的支持：François-Régis Gaudry、Stéphane Reynaud、Jean André、Galatéa Pédroche、Emmanuel Le Vallois、Cécile Beaucourt，否則這本書可能不會有印刷出版的一天。

接著感謝 MARABOUT 出版社願意接受我對葡萄酒的某些觀點，且在美食美酒的書籍出版上努力不懈。

最後，感謝我的家人與親人的耐心與理解，抱歉，我忙著寫書的同時忽略了我應盡的責任。

再次鳴謝

侍酒師的
葡萄酒品飲隨身指南

從初學到進階，掌握 35 個品種、
129 個葡萄園、349 個 AOC 法定產區，
靈活運用就能成為出色的葡萄酒達人！

原　書　名／Le Petit Livre du Sommelier
作　　　者／積蘭·德切瓦（Gwilherm de Cerval）
繪　　　者／尚·安德烈（Jean André）
譯　　　者／劉永智
特 約 編 輯／陳錦輝

總 　編 　輯／王秀婷
責 任 編 輯／梁容禎
行 銷 業 務／黃明雪
版　　　權／徐昉驊

發　行　人／凃玉雲
出　　　版／積木文化
　　　　　　104 台北市民生東路二段 141 號 5 樓
　　　　　　電話：(02) 2500-7696｜傳真：(02) 2500-1953
　　　　　　官方部落格：http://cubepress.com.tw/
　　　　　　讀者服務信箱：service_cube@hmg.com.tw
發　　　行／英屬蓋曼群島商家庭傳媒股份有限公司城邦分公司
　　　　　　台北市民生東路二段 141 號 11 樓
　　　　　　讀者服務專線：(02)25007718-9｜24 小時傳真專線：(02)25001990-1
　　　　　　服務時間：週一至週五上午 09:30-12:00、下午 13:30-17:00
　　　　　　郵撥：19863813｜戶名：書虫股份有限公司
　　　　　　網站：城邦讀書花園｜網址：www.cite.com.tw
香港發行所／城邦（香港）出版集團有限公司
　　　　　　香港灣仔駱克道 193 號東超商業中心 1 樓
　　　　　　電話：852-25086231｜傳真：852-25789337
　　　　　　電子信箱：hkcite@biznetvigator.com
馬新發行所／城邦（馬新）出版集團
　　　　　　Cite (M) Sdn Bhd
　　　　　　41, Jalan Radin Anum, Bandar Baru Sri Petaling,
　　　　　　57000 Kuala Lumpur, Malaysia.
　　　　　　電話：603-90563833｜傳真：603-90576622
　　　　　　email: services@cite.my

封面 & 版型設計／陳春惠
製版印刷／中原造像股份有限公司

2020 年 11 月 19 日　初版一刷
2022 年 9 月 27 日　初版二刷
售價／399 元
ISBN 978-986-459-251-7【紙本／電子書】

國家圖書館出版品預行編目資料

侍酒師的葡萄酒品飲隨身指南：從初學到進階，掌握 35 個
　品種、129 個葡萄園、349 個 AOC 法定產區，靈活運用
　就能成為出色的葡萄酒達人！／積蘭·德切瓦（Gwilherm
　de Cerval）文；尚·安德烈（Jean André）繪圖；劉永智
　譯. -- 初版. -- 臺北市：積木文化出版：英屬蓋曼群島商
　家庭傳媒股份有限公司城邦分公司發行, 2020.11
　　面；　公分
　譯自：Le Petit Livre du Sommelier
　ISBN 978-986-459-251-7（平裝）

1. 葡萄酒　2. 品酒

463.814　　　　　　　　　　　　　　　　　109016907